建设社会主义新农村图示书系

图解梨优质安全生产技术要领

张绍铃　主编

中国农业出版社

内容提要

　　本书采用卡通图解形式概述了我国梨产业发展的主要问题及发展对策，介绍了梨主要品种及高接换种、育苗及建园、梨树下综合管理、整形修剪、花果管理、优质梨棚架栽培、病虫害安全防治、果实采收与商品化处理技术等梨优质安全生产技术，内容具体、重点突出、图文并茂、形象生动、通俗易懂、实用性强，适合从事梨生产的广大果农及果树技术推广人员参考。

编写人员

主　编　张绍铃

副主编　伍　涛

编　者　张绍铃　伍　涛　吴　俊　吴华清

　　　　贾　兵　张虎平　杜玉虎　陶书田

绘　图　于静思　江本砚

前　言

　　我国是世界第一的产梨大国，栽培面积和产量均稳居世界首位，分别占世界梨树总面积和总产量的65％和60％以上。梨树是我国三大果树之一，面积和产量仅次于苹果和柑橘，居第三位。梨树原产我国，种类、品种繁多，适应范围广、易栽好管、经济效益高，全国除海南省以外，各省、自治区、直辖市均有梨树栽培；梨产业已成为许多地方农村经济发展的支柱产业，梨果生产已成为广大农民致富奔小康的重要途径。鉴于梨在我国园艺产业中的重要地位，近年来国家逐步加大了对梨产业的科研与技术推广投入，2007年国家公益性行业科技专项经费项目的立项资助以及2009年国家梨产业技术体系建设工作的启动和展开，初步建成以解决梨产业技术需求为重点，以提升我国梨产业的科研与技术水平、提高梨果市场竞争力和整体经济效益、推动梨产业稳步发展为主要目标的科研协作网络，研究、集成的先进实用技术成果必将为梨产业的发展提供强有力的科技支撑。

　　改革开放30多年来，我国梨产业在广大科研工作者和技术推广人员的努力下有了长足的发展，但就目前的总体状况而言，还存在一些问题，主要表现在：梨品种结构不尽合理，适合不同生态区域、综合性状优良的新品种不足，苗木繁育体系不健全；生产中先进技术应用较少，管理较粗放，优质果率不高；梨树主要病虫害的预测预报及综合防控技术不完善，还存在农药使用不规范，防治方法单一，过于依赖化学防治的问题，梨农的安全生产意识亟待提高；采后商品化处理比例较低，优质果的分级包装落后，导致优质不能优价，这些都制约着梨生产效益的提高。因此，在加快新优品种的选育及优质安全生产配套技术研发的同时，加快梨优质安全生产新技术的推广普及，提高广大梨农的科技意识是梨产业发展面临的一项紧迫任务。

　　本书以优质、安全为主线，集成先进、实用技术的研究成果，结合我国梨生产实际，吸收了国内外梨树栽培的一些新技术；在编写方法上进行大胆尝试，采用形象生动的卡通漫画形式和通俗易懂的语言进行梨优质安全生产技术要领讲解，力求做到技术先进、图文并茂。由于时间紧，加之水平所限，书中的疏漏之处在所难免，恳请读者批评指正。

编著者

2010 年 3 月

目　录

第一章 概 述

一、梨生产概述

(一)梨的主要营养成分

梨原产我国,是传统名优水果之一,被誉为百果之宗。其脆嫩多汁、酸甜可口、营养丰富,每 100 克新鲜梨果肉含脂类 0.1 克、蛋白质 0.1 克、碳水化合物 12 克、钙 5 毫克、磷 6 毫克、铁 0.2 毫克,还含有维生素 B_1、维生素 B_2、尼克酸和维生素 C 等营养成分。除供生食,还可制成罐头、梨汁、梨酒、梨膏、梨脯等,不仅营养价值高,还具有药用价值,因而深受消费者喜爱。

梨果好吃又营养!

梨加工品

(二)梨在我国水果生产中的地位

梨是我国的最重要水果之一,面积和产量均仅次于苹果和柑橘,居第三位。据 2009 年《中国农业年鉴》的统计,2008 年我国梨树总栽培面积 107.45 万公顷,总产量 1 353.81 万吨,占世界梨

1

树总面积和总产量的 62％和 64％以上。梨产业已经成为我国很多地方农村的支柱产业。

梨树适应性强，在我国北起黑龙江、南至广东，西自新疆、东到沿海各省（自治区、直辖市）都有栽培。河北的鸭梨、雪花梨，安徽的砀山酥梨，新疆的库尔勒香梨，吉林和甘肃的苹果梨都是原产我国的名优特产。我国的渤海湾、华北平原、黄土高原、川西、滇东、南疆、陕甘宁等梨产区的土壤、气候等生态条件适宜于白梨系统品种的栽培；淮河以南、长江流域砂梨栽培广泛；燕山、辽西的秋子梨，云南的红皮梨和胶东一带的洋梨品种也独具特色。这使我国成为世界上栽培梨种类和品种最多、种植范围最广、规模最大的梨生产大国。根据我国不同梨产区的品种与区域分布特点，农业部种植业司颁布了新的梨优势区域规划，对过去的梨产区划分做了一些调整，将优势梨产区划分为"三区四点"。所谓的"三区"是指华北白梨区（该区域主要包括冀中平原、黄河故道及鲁西北平原等）、西北白梨区（主要包括山西晋东南地区、陕西黄土高原、甘肃陇东和甘肃中部等）和长江中下游砂梨区（主要包括长江中下游及其支流的四川盆地、湖北汉江流域、江西北部、浙江中北部等）；所谓的"四点"是指辽宁南部鞍山和辽阳的南果梨重点区域、新疆库尔勒和阿克苏的香梨重点区域、云南泸西和安宁的红梨重点区域和胶东半岛西洋梨重点区域。

由于梨投产早、见效快、管理容易，栽培效益十分显著。尤其是最近我国新选育的翠冠、黄冠、中梨 1 号等新品种及从日本、韩国引进的丰水、黄金及圆黄等优质梨品种的应用推广，进一步提高了梨生产的经济效益，每 667 米^2 梨园产值达到 5 000～10 000 元，在江苏、浙江、上海等经济发达地区，梨果销售价格高，一些梨园每 667 米^2 产值可达到 20 000 元以上。

近年来，各地兴起观光果业热、都市果业热，不少地方通过举办梨花节、梨采

摘节等多种形式,并不断地在梨果品种的引进和礼品包装上推陈出新。优质梨果因此更加受到消费者的青睐,成为夏季亲朋好友间馈赠之佳品,梨园观光采摘也成为梨果消费的一种新形式。

由于梨在我国园艺产业中的重要地位,国家加大了对梨产业的科研与技术推广投入,2009年国家梨产业技术体系建设工作正式启动,全国性的梨产业技术研发与示范的协作攻关网络初步形成,可以预见,我国未来梨产业将进入一个崭新的发展阶段。

二、我国梨优质安全生产存在的主要问题

改革开放以来,我国梨产业得到了迅速发展,生产水平明显提高,但也存在不少问题,主要体现在:

(一)梨品种结构问题

目前我国梨品种结构不尽合理、晚熟品种为主的局面尚未得到根本改变,主要是酥梨、鸭梨等传统地方优良品种的比重过大。虽然这些品种是我国传统的优质梨果品,但因栽培区域相对较集中,成熟期基本一致,集中上市时鲜果市场压力大,导致售价较低,经济效益较差。因此,要根据所在区域的生态条件与品种适栽性,逐步调整不同成熟期品种的比例,适当减少晚熟品种,增加早熟和中熟品种的比例,逐步实现梨果周年、均衡的市场供应,以提高梨果生产的经济效益。

（二）梨果品质问题

总体而言，我国梨果品质水平与日本等发达国家尚有一定的差距。主要表现在果实可溶性固形物的含量偏低、外观较差、优质果率低、品质良莠不齐。其中的原因，一方面是梨生产技术的普及率低，许多先进实用的技术还没有得到推广应用，新技术的入户到园率不高；另一方面，由于我国梨产区跨度较大，与不同品种、不同区域相适应的标准化栽培技术有待进一步研究与完善，"一品一法"的标准化生产技术有待于研发与推广。

（三）梨无公害生产与产业化问题

随着我国居民消费水平的提高，果品食用的安全问题越来越受到重视。我国食品安全等由高到低可以分为有机食品、绿色食品和无公害食品三个等级，有机食品为最高等级，无公害食品为食品安全的最低等级，也就是优质农产品起码应达到的安全等级。梨是我国的第三大水果，与人们的生活息息相关，梨果的食用安全性也受到人们的普遍关注。消费者在选购梨果时已开始关注无公害梨、绿色食品梨等食品安全标志，使得无公害梨、绿色食品梨越来越受到市场的青睐。

无公害梨专柜

梨果生产过程中的主要污染来源，一是来自生产环境，包括工业"三废"（废水、废气、废渣）对土壤、空气和灌溉水的污染；二是来自肥料和农药的施用。我国农业部于 2002 年制定了行业标准《无公害食品 梨》（NY5100—2002）、《无公害食品 梨产地环境条件》（NY5101—2002）、《无公害食品 梨生产技术规程》（NY5102—2002）等多个无公害梨生产标准（规程）。按照这些标准选择无公害梨产地环境、执行无公害梨生产技术规程，产品经质量检验符合无公害梨标准，并获得无公害农产品标志方能成为无公害优质梨。

近几年随着无公害农产品生产技术的推广普及，我国梨果的安全水平得到了明显提升。但总体而言，我国梨果的无公害生产水平还不高，高标准的无公害生产基地还不多，有的地方科技水平较低，还存在滥用农药、滥施化学肥料的现象，给梨果的安全生产带来隐患，应引起高度重视。我国优质梨产业存在的主要问题如下：

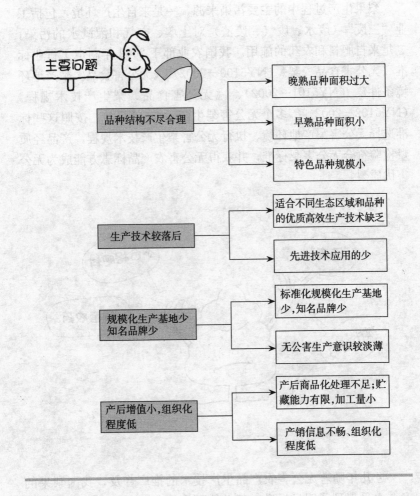

三、梨优质安全生产对策

针对我国梨生产的实际，应把提高品质作为提高梨果竞争力的核心。无公害生产问题是梨果优质的前提，解决品种、品质、品牌的"三品"问题是优质梨发展的重点。优质无公害梨发展的主要对策如下：

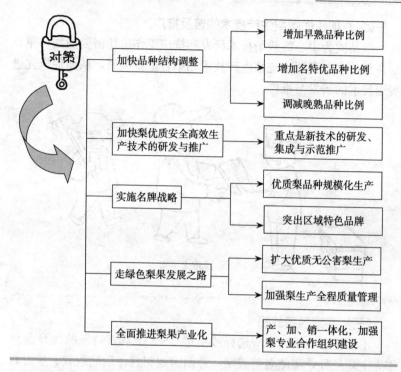

（一）加快品种结构调整

品种结构调整应与梨生产的区域化布局及优质商品果生产基地建设相结合。在品种结构的调整上，应根据社会的需要和市场要求，早、中、晚熟品种相结合，传统特色品种与新引进及育成品种相结合。

（二）加快优质梨生产技术的普及推广

以品质为中心的栽培技术研发和推广工作迫切需要加强，重点是在新技术与我国传统梨生产技术相结合上找突破，从而促进先进实用技术的研发与推广。

送技术下乡

（三）实施名牌战略

不同生态栽培区，应选择或引进 2～3 个具有特色的优良品种作为主栽品种，实施名牌战略。遵循因地制宜、适地适栽、量力而行、扬长避短、适当集中的原则。重点品种要尽快形成规模化、标准化生产。

优质无公害梨基地

（四）走绿色梨果发展之路

提高梨果品质与质量安全性，既是满足广大消费者对无公害果品的需要，也是突破绿色壁垒、增强国际市场竞争力的需要，更是保护环境、实现果业可持续发展的需要。应开展梨果生产档案管理，推行梨果产地追踪制，建立质量安全追溯体系，使梨果的食品安全步入与国际接轨的制度化管理的轨道，推进绿色、安全梨果产业发展。

（五）全面推进梨产业化发展

推进梨果产业化，有利于梨果从无序生产到有序经营，从追求数量到追求质量，从小农分散生产到规模化集中生产转变；有利于贮藏、保鲜和加工梨果业相结合，拉长产业链，从而提高梨果产业的整体效益。在产业化的实施过程中，可采用"公司＋基地＋农户"、"市场＋合作社＋农户"等多种形式，各生产农户之间还可利用水果协会、龙头企业把分散的生产经营者组织起来形成合力，最终解决梨产业上"小生产"与"大市场"的矛盾。

第二章 梨优良品种与品种换优

一、梨优良品种介绍

(一)早熟品种

1. 鄂梨 1 号

品种来历 湖北省农业科学院果树茶叶研究所育成,亲本为伏梨×金水酥。2002 年 2 月通过湖北省农作物品种审定委员会审定。

生长结果习性 树姿开张,萌芽率 71%,成枝力平均 2.1 个,幼树以腋花芽结果为主,盛果期以中、短果枝结果为主。早果性好,丰产、稳产,无采前落果现象,大小年不明显。

果实经济性状 果实近圆形,平均单果重 230 克;果皮绿色,梗洼中深、中广,萼片宿存,萼洼中深、广;肉质细脆,汁液多,石细胞少,味甜,可溶性固形物含量 10.6%~12.1%,品质上等。果实较耐贮藏,室温条件下可贮藏 20~30 天。

物候期 在湖北武汉,花芽萌动期 3 月上旬,盛花期 3 月底,果实成熟期 7 月上旬,果实发育期 95~100 天。

适应性与抗逆性 抗病性较强。对梨茎蜂、梨实蜂和梨瘿蚊具有较强的抗性。

2. 中梨 1 号

品种来历 又名绿宝石。中国农业科学院郑州果树研究所育成,亲本为新世纪×早酥。2003 年通过河南省林木良种审定委员会审定。

生长结果习性 幼树树姿直立,树势强,枝梢生长旺盛,成年树开张，萌芽力高，成枝力低，以短果枝结果为主，腋花芽也能结果，自然授粉条件下每个花序平均坐果3～4个，有一定的自花结实能力。

果实经济性状　果实近圆形，果个大，平均单果重250克，最大果重450克；果皮平滑，有光泽，北方栽培无果锈，南方栽培有少量果锈，果点中大，果皮翠绿色；采后15天呈鲜黄色，萼片脱落或残存；果皮薄，果心中等大小，果肉乳白色，肉质细脆，石细胞少，汁液多，可溶性固形物含量12%～13.5%；风味甘甜可口，有香味，品质上等。

物候期　在郑州地区，3月上、中旬芽萌动，4月上旬盛花，7月中旬果实成熟，果实发育期95～100天。

适应性与抗逆性　该品种在山西、河北、山东、河南等梨主产区均生长结果良好，在长江以南的云南、重庆、安徽及江苏、浙江等省（直辖市）也有少量栽培，是我国栽培面积较大的早熟品种之一。对轮纹病、黑星病、腐烂病均有较强的抵抗能力。

3. 早美酥

品种来历　中国农业科学院郑州果树研究所育成，亲本为新世纪×早酥。1998年、1999年分别通过河南省、安徽省农作物品种审定委员会审定，2002年通过全国农作物品种委员会审定。

生长结果习性　树势强，萌芽率高，发枝力弱；短果枝结果为主，果台副梢连续结果能力较强。

果实经济性状　果实近圆形或长卵圆形，果个大，平均单果重250克；果皮绿黄色，果面光洁、平滑，有蜡质光泽，无果锈，果点小而密，外形美观；梗洼浅而狭、萼洼中深、广度中等，萼片部分残存；果肉乳白色，肉质细，石细胞较少，酥脆（常温下采后15天肉质变软），汁液多，酸甜适口；果心较小，可溶性固形物含量11%～12.5%，品质上等。

物候期　在河南郑州，3月中旬花芽萌动，4月上中旬盛花，花期6～10天；6月中下旬新梢停止生长，7月中旬果实成熟，果实发育期95天。

适应性与抗逆性 适宜长江流域等砂梨产区栽培。耐高温多湿，抗病力较强，较耐贫瘠。在潮湿的碱性土壤中栽培，果实有轻微的木栓化斑点病。

4. 鄂梨 2 号

品种来历 湖北省农业科学院果树茶叶研究所育成，亲本为中香×43-4-11（伏梨×启发）。2002 年通过湖北省农作物品种审定委员会审定。

生长结果习性 树势中庸偏旺，树姿半开张。萌芽率高，成枝力中等。幼树以腋花芽结果为主，盛果期以短果枝和腋花芽结果为主，早果性好，丰产、稳产。

果实经济性状 果实倒卵圆形，果柄细长，萼片脱落，萼洼中深、中狭，平均单果质量200克，最大330克，果形整齐；果皮黄绿色，果面光滑，外观美；果肉洁白，果心极小，肉质细嫩酥脆，石细胞少，汁多，味甜，具香气，含可溶性固形物12%～14%。

物候期 在湖北武汉，2月下旬花芽萌动，3月下旬盛花，果实成熟期7月中旬，果实发育期106天左右。

适应性与抗逆性 适应范围广，高抗黑星病，对黑斑病抗性优于金水2号和早酥梨。

5. 华梨 2 号

品种来历 华中农业大学育成，亲本为二宫白×菊水。2002年通过湖北省农作物品种审定委员会审定。

生长结果习性 树势中庸，树姿开张，干性中等偏弱，萌芽率中等，发枝力弱，以短果枝结果为主，果台连续结果能力较强，采前落果轻，早果丰产。

果实经济性状 果实中等大小，平均单果重180克，最大果重400克；果实圆形，果面黄绿色，光洁、平滑，有蜡质光泽，果锈少；果皮薄，果点中大、中密，外观较为漂亮美观；梗洼浅而狭，萼洼中深、中广，萼片脱落；果肉白色，肉质细嫩酥脆，汁液丰富，酸甜适度；果心小，石细胞少，可溶性固形物含量12%，品质上等。果实较耐贮藏，室温下可贮放20天，在冷藏条件下可贮藏 60 天以上。

物候期　在湖北武汉，3 月上旬花芽萌动，3 月下旬盛花；5 月下旬至 6 月中旬新梢停止生长，7 月中旬果实成熟。果实发育期 99～105 天。

适应性与抗逆性　适应性较强，耐高温多湿。在肥水管理条件较差和负载过量的情况下果个偏小。抗病力一般，对黑星病和黑斑病的抗性强于双亲。

6. 初夏绿

品种来历　浙江省农业科学院园艺研究所育成，原代号 4-20，亲本为西子绿×翠冠。2008 通过浙江省农作物品种审定委员会品种认定。

生长结果习性　树势强健，树姿直立；萌芽率高，成枝率中等，花芽易形成，早果性强，丰产性好。幼树以长果枝腋花芽结果为主，成年树长果枝与短果枝结果均佳。

果实经济性状　果实长圆形，平均单果重 250 克左右；果皮浅绿色，果面光滑，无果锈或少果锈，果点中大；果肉白色，肉质细嫩，石细胞较少，汁液多，口感脆甜，可溶性固形物含量 11%～12%。

物候期　在浙江杭州，萌芽期 3 月中旬，盛花期 3 月底，果实 7 月中旬成熟，果实发育期 105 天左右，落叶期 11 月下旬。

适应性与抗逆性　适宜于砂梨产区，现已被江西、江苏、福建、上海、湖北、广西、辽宁等地引种栽培。

7. 若光

品种来历　日本千叶县农业试验场育成，亲本为新水×丰水，日本农林水产省于 1992 年登录。

生长结果习性　幼树生长势强，萌芽率中等，成枝力弱；成花容易，腋花芽结果良好。

果实经济性状　果实扁圆形，果个较大，一般单果重 250～350 克；果形美观；果皮黄褐色，套袋果浅黄褐色，果面光洁，果点小而稀；果形端正，没有棱沟，果梗较长，萼片脱落，萼洼广、大，呈漏斗形；果肉乳白色，石细胞较少，肉质致密，柔软多汁，味甜，可溶性固形物含量11.5%～13.5%，酸味少，品质上等。

物候期 在江苏南京，3月上旬萌芽，4月初盛花，花期比黄冠早2～3天；果实成熟期在7月中旬，果实发育期100～105天，可延迟采收，采前落果不明显。

适应性与抗逆性 该品种抗黑斑病，无水心病，黑星病感病程度同丰水，裂果现象极少。在瘠薄土壤上栽培，叶片表现有轻微黄化。

8. 翠冠

品种来历 浙江省农业科学院园艺研究所育成，亲本为幸水×（杭青×新世纪）。1999年通过浙江省农作物品种审定委员会审定。

生长结果习性 树势强健，树姿较直立，萌芽率、发枝力较强，腋花芽易形成，长果枝和短果枝均可结果。

果实经济性状 果实长圆形，果个大，平均单果重250克，最大果重500克；果皮黄绿色，果面平滑，有蜡质光泽，于南方梨区有少量锈斑；果点在果面上部稀疏，下部较密；梗洼中广，萼洼深而广，萼片脱落；果肉白色，肉质细腻酥脆，汁多，味甜；果心较小，石细胞少。可溶性固形物含量11.5%～13%，综合品质优。

物候期 在浙江杭州，3月上旬花芽萌动，4月上旬盛花，花期10天左右；6月上旬新梢停止生长，7月下旬果实成熟，果实发育期105～115天。

适应性与抗逆性 适于在华东、华南、华中、西南等砂梨适栽的广大区域栽培，是我国栽培面积较大的早熟品种之一。适应性较强，山地、平地、河滩均可种植；既耐高温多湿，又耐干旱并抗裂果。抗病力强，对黑星病、锈病、黑斑病、轮纹病具有较强的抗性。

9. 西子绿

品种来历 浙江大学农业与生物技术学院（原浙江农业大学）育成，亲本为新世纪×（八云×杭青）。1996年通过专家鉴定。在南方栽培较多，北方也有少量栽培。

生长结果习性　树势中庸，树姿较开张，萌芽率和成枝力中等，以中、短果枝结果为主，幼旺树有腋花芽结果现象：每个果台两个副梢，连续结果能力中等。

果实经济性状　果实扁圆形，果个中大，平均单果重 200 克，最大单果重 300 克；果皮浅绿色，贮放一段时间后变为金黄色，果面清洁无锈，果点小而少，有蜡质，光洁度好，外形美观；梗洼中深而陡，萼洼浅而缓，萼片脱落；果心较小，果肉白色，肉质细嫩，酥脆，石细胞少，汁液丰富，风味甜，有香气，可溶性固形物含量 11%～12%，品质上等。

物候期　在浙江杭州，3 月上旬梨花芽萌动，4 月上旬盛花，花期长；果实成熟期 7 月下旬，果实发育期 105～115 天。

适应性与抗逆性　在南方多雨地区对裂果抗性强，在常规管理条件下对黑星病、锈病抗性较强。梨茎蜂、蚜虫为害相对较轻。除可在长江以南地区发展外，在北方梨区花芽分化良好，也可试栽。在南方地区，有时出现因需冷量不足而导致花芽分化不良现象。

10. 喜水

品种来历　日本静冈县烧津市的松永喜代育成，亲本为明月×丰水。

生长结果习性　树姿直立，主干灰褐色。幼树生长势强旺，萌芽率高，成枝力强。以短果枝结果为主。

果实经济性状　果实扁圆形，果个较大，平均单果重 250 克，最大单果重 450 克；果面赤褐色，果点多，呈锈色，果面有不明显棱沟；果梗较短，梗洼浅狭，萼片脱落，萼洼广、大，呈漏斗形。果肉黄白色，石细胞少，汁液极多，味甜，略有香气，果心较大，可溶性固形物含量 12%，品质上等。

物候期　在江苏南京 3 月上旬萌芽，4 月初盛花，果实 7 月下旬成熟，果实发育期 105～110 天，11 月中旬落叶。

适应性与抗逆性　该品种较耐粗放管理，对黑星病的抗性比丰水强。

11. 华酥

品种来历 中国农业科学院果树研究所育成，亲本为早酥×八云。1999 年通过辽宁省农作物品种审定委员会审定，2002 年通过全国农作物品种审定委员会审定。

生长结果习性 树势中庸偏强，萌芽力强，发枝力中等，以短果枝结果为主，果台连续结果能力中等，早果、高产。

果实经济性状 果实近圆形，果个大，平均单果重 250 克；果皮黄绿色，果面光洁、平滑，有蜡质，无果锈，果点小而疏，不明显，外观漂亮美观；梗洼中深、中广，萼洼浅而广、有皱褶；萼片脱落，偶有宿存；果肉淡黄白色，肉质细，酥脆多汁，酸甜适口，风味浓郁，并具芳香，可溶性固形物含量 11%～12%；果心小，石细胞少，品质上等。果实在室温下可贮放 20～30 天，在冷藏条件下可贮藏 60 天以上。

物候期 在辽宁兴城 4 月上旬芽萌动；5 月上中旬盛花，花期 10 天左右；6 月上旬新梢停止生长，8 月上旬果实成熟，果实发育期 85～90 天。

适应性与抗逆性 在北京、辽宁、河北、江苏、四川等省（直辖市）栽培较多，甘肃、新疆、云南、福建等省、自治区也有栽培。其适应性较强，既耐高温多湿，又具较强抗寒能力，抗腐烂病、黑星病能力强，兼抗果实木栓化斑点病和轮纹病，但存在采前落果现象。

（二）中熟品种

1. 黄冠

品种来历 河北省农林科学院石家庄果树研究所育成，亲本为雪花×新世纪。1997 年通过河北省林木良种审定委员会审定。

生长结果习性 树势健壮，幼树生长旺盛，枝条直立；萌芽力强，成枝力中等，一般剪口下可抽生长枝 3 条；开始结果早，以短果枝结果为主，连续结果能力较强，幼树有明显的腋花芽结果现象。

果实经济性状 果实椭圆形，果个大，平均单果重 280 克；果面绿黄色，果点小，果面光洁无锈，外观很美。肉质细而松脆，石细胞少，汁液多，酸甜适口，带蜜香味，可溶性固形物含量11.5%～12.5%，品质上等。自然条件下可贮藏20天，冷藏条件下可贮至第二年3～4月。

物候期　在河北石家庄地区，3月中下旬萌芽，4月上中旬盛花，较鸭梨晚2～3天；新梢4月中旬开始生长，6月下旬停止生长；8月中旬果实成熟，果实发育期120天左右。

适应性与抗逆性　该品种适应性强，在华北、西北、淮河及长江流域的大部分地区栽培表现良好，是我国栽培面积最大的中熟梨新品种之一。抗逆性强，高抗黑星病。套袋栽培要注意平衡施肥，补充钙肥，减轻果面鸡爪病的发生。

2. 雪青

品种来历　浙江大学农业与生物技术学院（原浙江农业大学）育成，亲本为雪花×新世纪。

生长结果习性　树势强，树姿开张，萌芽率高，成枝力中等，以中、短果枝结果为主，果台枝连续结果能力强。

果实经济性状　果实圆形，平均单果重300～400克，最大达750克；果皮黄绿色，光滑，外观美；果肉白色，果心小，肉质细脆，松脆适口，汁液丰富，风味甜，可溶性固形物含量12.5%，品质上等。

物候期　在浙江杭州，3月初萌芽，3月下旬开花，8月上旬果实成熟，果实发育期120～125天。

适应性与抗逆性　该品种适应范围广，不仅适宜在黄淮海大部分地区栽培，在长江流域及南方各地生长结果也良好。抗轮纹病和黑星病。

3. 八月红

品种来历　西北农林科技大学果树研究所（原陕西省农业科学院果树研究所）育成的中熟红皮梨品种，亲本为早巴梨×早酥。1995年通过陕西省农作物品种审定委员会审定。

生长结果习性　树势强，萌芽力高，发枝力中等，长、中、短果枝均能结果，果台连续结果能力强。

果实经济性状 果实卵圆形，果个大，平均单果重262克；果皮黄色、向阳面鲜红色，果面光洁、平滑，稍有隆起，有蜡质光泽，略具果锈，果点小而密，不明显，外观漂亮美观；梗洼浅、狭，萼洼中深、中广、有皱褶，萼片宿存；果肉乳白色，肉质细，石细胞少，酥脆多汁，风味甜，香气浓，果心小，可溶性固形物含量11.5%～14%，品质上等；果实在室温下可贮放7～10天。

物候期 在陕西杨凌地区3月中旬花芽萌动，4月中旬盛花，花期11天左右；6月上中旬新梢停止生长，8月中旬果实成熟，果实发育期120天。

适应性与抗逆性 适于在黄土高原和温暖半湿区栽培。适应性较强，高抗黑星病、腐烂病，抗锈病和黑斑病能力也较强。

4. 黄花

品种来历 浙江大学农业与生物技术学院（原浙江农业大学）杂交育成，亲本为黄蜜×三花。1974年通过鉴定。

生长结果习性 树势强，树姿开张，萌芽率较高，成枝力中等，容易形成短果枝，丰产。

果实经济性状 果实近圆形至圆锥形，果个大，平均单果重216克，最大果重可达400克；果皮黄褐色，套袋后呈黄色，果皮较薄，果面平滑，果点中大、中密；梗洼中深、中广，萼洼中深、中广，有肋状突起，萼片脱落或宿存；果肉洁白色，肉质细，石细胞少，无渣，脆嫩多汁，风味甜，具微香；果心中等大小，可溶性固形物含量11.4%～12.5%，品质上等。果实在室温下不耐贮藏，在冷藏条件下可贮藏60天以上。

物候期 在浙江杭州3月上旬芽萌动，3月下旬盛花，花期15～20天；6月上中旬新梢停止生长，8月中旬果实成熟，11月下旬落叶，果实发育期约130天。

适应性与抗逆性 适于在长江流域及其以南砂梨产区栽培。适应性较强，在平原、丘陵和海涂等不同的土壤、土质条件下均能栽培，并生长良好；抗逆性强，既耐高温多湿又耐夏季干旱；抗病力强，对黑星病、黑斑病和轮纹病的抗性较强，受食心虫和吸果夜蛾的为害较轻。

5. 黄金梨

品种来历 韩国1981年用新高×二十世纪杂交育成，20世纪末引入我国，各梨产区均有栽培。

生长结果习性 幼树生长势强，萌芽率低，成枝力弱，有腋花芽结果特性，易形成短果枝，结果早，丰产性好。

果实经济性状 果实近圆形，果形端正，平均单果重300克，最大单果重500克；果皮黄绿色，贮藏后变为金黄色，套袋果黄白色；果面光洁，无果锈；果点小、均匀，萼片脱落或残存；果皮薄，果肉乳白色，肉质脆嫩，石细胞及残渣少，果汁多，风味甜，具清香；果心小，可溶性固形物含量12%～14%。

物候期 在江苏南京地区3月中旬花芽萌动，4月上旬盛花期；8月中下旬果实成熟。

适应性与抗逆性 对肥水条件要求较高，且尤喜砂壤土，沙地、林土及瘠薄的山地不宜栽培。果实、叶片抗黑星病能力较强。

6. 丰水

品种来历 日本农林水产省果树试验场1972年育成，亲本为（菊水×八云）×八云，20世纪80年代引入我国。

生长结果习性 树势中庸，树姿半开张，萌芽率高，成枝力弱；幼树腋花芽和短果枝结果，进入盛果期后以短果枝群结果为主，易丰产。

果实经济性状 果实近圆形，果个大，单果重300～500克；果皮浅黄褐色，果面粗糙，有棱沟，果点大而密，但不明显；梗洼中深而狭，萼洼中深、中广，萼片脱落；果皮较薄，果肉乳白色，肉质细嫩爽脆，汁多味甜，可溶性固形物含量12%～13.5%；果心较小，石细胞少，品质上等。果实在常温下可存放10～15天，在1～4℃条件下可贮存4个月。

物候期 在江苏南京地区3月上旬花芽萌动，3月下旬至4月初盛花，花期持续5～6天；新梢5月底至6月上旬生长最快，6

月底基本停止生长；8月下旬果实成熟，果实发育期约135天左右。

适应性与抗逆性　该品种为适应性较强的日韩梨品种之一。抗黑斑病，有时感染黑星病，但抗性强于长十郎。除在砂梨产区种植外，在河北、山东、河南等省均生长结果良好。

7. 冀蜜

品种来历　河北省农林科学院石家庄果树研究所选育而成，亲本为雪花梨×黄花梨。1997年通过河北省林木良种委员会审定。

生长结果习性　树势较强，树姿半开张，萌芽率极高，成枝力中等，并有腋花芽结果习性，果台副梢连续结果能力强。

果实经济性状　果实椭圆形，果个大，平均单果重258克，最大达600克；果皮绿黄色，果面光洁，有蜡质光泽，果点中大、较密；梗洼浅、窄，萼洼深度、广度中等，萼片脱落；果皮较薄，果心小，果肉白色，肉质较细，松脆适口，石细胞少，汁液丰富，风味甜；可溶性固形物含量可达13.5%，品质上等。

物候期　在河北石家庄地区，3月中旬萌芽，4月上中旬盛花，8月下旬果实成熟，果实发育期130天。

适应性与抗逆性　适应性强，适宜在黄、淮、海大部分地区栽培。抗病能力较强，高抗黑星病。在降水偏多年份易发生褐斑病。

8. 南水

品种来历　日本长野县南信农业试验场育成，亲本为越后×新水，南京农业大学引入试栽。

生长结果习性　树势中庸，短果枝着生多，花芽形成容易，进入结果早。

果实经济性状　果实扁圆形，平均单果重280～300克，最大果重500克；果皮红褐色，果面洁净，鲜艳。果肉白色，肉软汁多，甜味浓而酸味少，可溶性固形物含量13%～15%，风味好，品质上等。

物候期　在江苏南京地区，3月上旬花芽萌动，3月下旬盛花期，果实成熟期8月下旬至9月上旬。

适应性与抗逆性 对黑星病抗性强，对黑斑病抗性稍弱。

（三）晚熟品种

1. 玉露香

品种来历 山西省农业科学院果树研究所育成，亲本为库尔勒香梨×雪花梨。2003年通过山西省农作物品种审定委员会审定。

生长结果习性 树冠中大，树姿较直立，幼树生长旺盛，结果后树势中庸；萌芽率高，成枝力中等，有腋花芽结果习性；结果初期以中、长果枝结果较多，大量结果后以短果枝结果为主，果台枝隔年结果。

果实经济性状 果实近圆形或卵圆形，平均单果重250克，最大450克；果皮绿黄色，果面局部或全部具有红晕及暗红色纵向条纹，果皮薄，果面光滑，萼片宿存或脱落，果心小；肉质细脆，汁液极多，石细胞极少，味甜具清香，可溶性固形物 12%～14%，品质上等。贮藏性好，一般土窑洞可贮至次年2～3月份。

物候期 在山西晋中地区4月上旬花芽萌动，4月中旬开花，果实8月下旬初熟，9月上旬完熟，果实发育期130天左右。

适应性与抗逆性 抗逆性强，可耐－30℃的绝对低温，抗黑星病、腐烂病能力强。

2. 红香酥

品种来历 中国农业科学院郑州果树研究所育成，亲本为库尔勒香梨×鹅梨。1997年、1999年分别通过河南省与山西省农作物品种审定委员会审定，2002年通过全国农作物审定委员会审定。

生长结果习性 树势中庸，萌芽力强，成枝力中等，以短果枝结果为主，果台连续结果能力强。

果实经济性状 果实纺锤形或长卵圆形，平均单果重220克，最大单果重509克；果皮绿黄色，有蜡质光泽，向阳面2/3有红晕，果点中大，较密，外观艳丽；梗洼浅、中广，萼洼浅而广，部分果实萼片宿存、萼端突起；果肉白色，肉质细，石细胞较少，酥脆多汁，味甜，风味浓，并具芳香，果心小，可溶性固形物含量13.5%，品质上等。

物候期 在河南郑州地区3月中旬花芽萌动，4月上中旬盛花，6月上旬新梢停止生长，果实成熟期9月上旬，果实发育期140天，11月上中旬落叶。

适应性与抗逆性 适于在华北、西北、黄河故道及渤海湾等白梨适栽的梨产区栽培。适应性较强，抗寒、抗旱和耐涝能力也较强；但采收前抗风能力较差，应注意建防风林或采用棚架栽培。

3. 南果梨

品种来历 原产辽宁省鞍山市。系自然实生后代，为我国东北地区栽培最广泛的鲜食及加工兼用的软肉型秋子梨优良品种。

生长结果习性 树势中庸，萌芽力高，发枝力弱。短果枝结果为主，果台的连续结果能力中等。

果实经济性状 果实圆形或扁圆形，果实个小，平均单果重58克；果皮绿黄色、经后熟为全面黄色，向阳面有鲜红晕，果面平滑，有蜡质光泽，果点小而密；梗洼浅而狭、具沟状，萼洼浅而狭、有皱褶，萼片宿存或脱落；果肉黄白色，肉质细，石细胞少，柔软易溶于口，汁液多，甜或酸甜适口，风味浓厚，具浓香，果心大，可溶性固形物含量高，一般可达15%左右，品质上等。

物候期 在辽宁兴城地区4月上旬花芽、叶芽萌动，4月下旬至5月上旬盛花，花期10天左右；6月上旬新梢停止生长，9月上旬果实成熟，果实发育期120天。

适应性与抗逆性 在辽宁鞍山、营口、辽阳等地栽培较多；吉林、内蒙古、山西等省、自治区及西北一些省、自治区也有少量栽培。适应性强，抗寒力强，对黑星病的抵抗能力强。

4. 秋月

品种来历 日本品种，亲本为（新高×丰水）×幸水。

生长结果习性 树势强，枝条粗壮，腋花芽着生量少，短果枝上易抽生中等长度的枝条形成中果枝，短果枝的连续结果稍困难。花粉多，坐果良好。

果实经济性状 果实扁圆形，果皮赤褐色，果点中大，果个大，平均单果重300克左右，可溶性固形物含量12%～13.5%，果实糖酸适度，石细胞少，品质上等。

物候期　在江苏南京地区 3 月中旬花芽萌动，3 月下旬至 4 月初盛花，果实 9 月上中旬成熟，果实发育期 150 天。

适应性与抗逆性　适应性强，抗黑斑病。

5. 库尔勒香梨

品种来历　原产于新疆南部，库尔勒地区为主产区，因其生产的果实质优、味美而著名。南疆各地普遍栽培，北方各省也有少量栽培。

生长结果习性　生长势强，树冠大，角度较开张，呈披散形或自然半圆形；萌芽率高，成枝力较强，进入结果期较早，以短果枝结果为主，腋花芽、长果枝结果能力也很强。在自然授粉条件下，每个花序平均坐果 3～4 个。

果实经济性状　果实中等大，平均单果重 104～120 克，最大单果重 174 克；果实近纺锤形或倒卵圆形，幼旺树果实顶部有猪嘴状突起，梗洼浅而狭，5 棱突出；萼洼较深而中广，萼片脱落或宿存；果皮底色绿黄色，阳面有暗红色晕（在冀中南部表现为淡红色片状红晕），果皮薄，果点极少，果面光滑，果梗常膨大成肉质，尤其以幼树明显，果肉白色，肉质细嫩，汁多爽口，味甜具清香，果心较大，可溶性固形物含量 12%～15%；品质上等。

物候期　在新疆库尔勒地区 3 月下旬花芽萌动，4 月上中旬初花，4 月下旬盛花，果实于 9 月中旬成熟，果实发育期 135 天左右。

适应性与抗逆性　抗寒力较强，耐旱，但抗风力差，易因风引起采前落果。对病虫抵抗力强，较抗黑心病，食心虫为害也较轻。

6. 砀山酥梨

品种来历　又名砀山梨、酥梨。原产于安徽砀山。该品种栽培历史悠久，有青皮酥、白皮酥、金盖酥、伏酥等诸多品系，其中以白皮酥品质最为优良。一般砀山酥梨指白皮酥。

生长结果习性　树冠自然圆头形，生长势中等；树势较强，萌芽力强，发枝力中等；以短果枝结果为主，腋花芽结果能力强；果台副梢较多，不易形成短果枝群，连续结果能力弱，结果部位易外移，并易形成大小年现象。

果实经济性状　果实近圆柱形，具棱沟，顶端稍宽，果实个大，平均单果重 270 克；采收时果皮为黄绿色，贮藏后变为黄色，果皮光滑，果点小而密、明显，梗洼浅平，萼洼深广，萼片脱落或残存；果肉白色，肉质稍粗但酥脆爽口，汁多，味甜，有香气，可溶性固形物含量 11.5%～14%；果心中等大小，果肉石细胞较少，近果心处石细胞多，综合品质上等，果实耐贮藏，一般可贮至翌年 3～4 月。

物候期　在黄河故道地区，花芽萌动期 3 月中旬，盛花期 4 月上旬，5 月为新梢生长盛期，一般年份于 6 月中旬停止生长，果实 9 月中旬成熟，果实发育期 140～150 天。

适应性与抗逆性　适宜于深厚而肥沃的沙壤土及较冷凉地区栽培。在陕西渭北、新疆南部和山西晋中等地栽培，品质较原产地更为优良。在北方梨区花期易受晚霜、风及沙尘天气的危害；抗风能力较差，成熟前易因大风落果，因果肉疏松、酥嫩，落地后即失去食用和商品价值；抗病性差，在西北地区对腐烂病、黑星病等病害抗性弱，也易受食心虫和黄粉蚜为害。

7. 华梨 1 号

品种来历　华中农业大学育成，亲本为湘南×江岛，1997 年通过湖北省农作物品种审定委员会审定。

生长结果习性　树势强健，树姿较开张。萌芽率高，成枝力较弱。初结果树以中、长果枝结果为主，盛果期树以短果枝结果为主，连续结果能力强。

果实经济性状　果实广卵圆形，平均单果重 310 克，最大果重 700 克以上；果形端正，果面浅褐色，果点较大，果皮中厚；果柄较长，萼片脱落；果心中大；果肉白色，肉质细腻、松脆，汁液多、甜酸适度，品质优良。可溶性固形物含量 12%～13.5%。

物候期　在湖北省武汉地区 3 月上旬萌芽，3 月下旬为盛花期，9 月中旬果实成熟，果实发育期 160 天左右。

适应性与抗逆性 适宜于长江中下游地区栽培。对黑斑病、枝干及果实轮纹病有较强的抗性。

8. 鸭梨

品种来历 原产于河北省，是我国最古老的优良品种之一。以河北省辛集、晋州、赵县为多。

生长结果习性 幼树生长旺盛，大树生长势较弱，枝条稀疏，树姿开张。萌芽率高，成枝力弱，长枝适度短截后抽生2个左右的长枝；以短果枝结果为主，但在幼果期长、中果枝也有一定的比例。果台副梢连续结果能力强。

果实经济性状 果实倒卵圆形，近果梗处有一似鸭头状的小突起（鸭突），故名鸭梨；果实中等大小，平均单果重230克，最大单果重280克。果面绿黄色，果皮薄，靠果柄部分有锈斑，微有蜡质，果实美观，果梗先端常弯向一方，果点中大、稀疏；几乎无梗洼，萼洼深广，萼片脱落；果肉白色，肉质细腻脆嫩，石细胞少，汁液丰富，酸甜适口，果心小，可溶性固形物含量11.5%，品质上等。果实耐贮性较好，一般自然条件下可贮藏至翌年2～3月。

物候期 在冀中南地区花芽萌动期一般为3月中旬，盛花期4月上旬，花期为7天左右；新梢4月中旬开始生长，6月上中旬新梢停止生长；果实于9月中下旬成熟。

适应性与抗逆性 鸭梨适应性广，适宜在干燥冷凉地区栽培。抗旱性强，在干旱山区表现较好；抗寒力中等；抗病虫力较差，对黑星病抵抗力弱，食心虫为害较重。

9. 寒红

品种来历 吉林省农业科学院果树研究所育成，亲本为南果梨×晋酥梨。2003年通过吉林省农作物品种审定委员会审定。

生长结果习性 树势中等，长势旺盛，树姿半开张，枝条萌芽率较高，成枝力中等；幼年树长果枝比例较高，成年树以短果枝结果为主，并有腋花芽结果。

果实经济性状 果实圆形，平均单果重200克左右，最大450克；成熟时果皮多蜡质，底色鲜黄，阳面艳红，外观美丽；果肉细，酥脆，多汁，石细胞少，果心小，酸甜味浓，具有一定的南果梨香气，可溶性固形物含量14%～15%，品质上等。

物候期 在吉林省中部地区，4月中下旬花芽萌动，5月上中旬盛花，9月下旬果实成熟，果实发育期135～140天。

适应性与抗逆性 北方梨产区均可栽培。抗寒力强，一般年份高接树和定植幼树基本无冻害，抗黑星病、褐斑病、黑斑病和轮纹病。

10. 新高

品种来历 日本神奈川农业试验场育成，亲本为天之川×今村秋。

生长结果习性 树冠较大，树势强，枝条粗壮，较直立；萌芽率高，成枝力稍弱，以短果枝结果为主；每果台可抽生1～2个副梢，但连续结果能力较差。

果实经济性状 果实扁圆形，果个大，平均单果重302克；果皮褐色，果面较光滑，果点中等大小、密集，萼片脱落；果肉乳白色，中等粗细，肉质松脆；果心小，石细胞及残渣少，汁液多，风味甜；可溶性固形物含量13%～14%，品质上等。

物候期 在江苏南京地区3月上中旬花芽萌动，3月下旬或4月初盛花。花期较早，易受晚霜危害。叶芽4月上旬萌动，6月底新梢停长。9月下旬果实成熟，11月上中旬落叶。果实发育期170天左右。

适应性与抗逆性 适应性较强，在河北、河南、山东、山西及浙江、江苏等地均可栽培，在寒冷地区容易发生冻芽的现象。较抗黑斑病和黑星病。开花期早，应注意预防晚霜的危害；花粉少，不宜作授粉树。

11. 晚香

品种来历 黑龙江省农业科学院园艺分院育成的晚熟抗寒兼冻贮梨品种，亲本为乔马×大冬果。1991年通过黑龙江省农作物品种审定委员会审定并命名。

生长结果习性 树势强，萌芽率高，发枝力强。幼年树中、短果枝结果，成年树以短果枝结果为主，果台连续两年结果能力较强，每个花序坐果 2～6 个。

果实经济性状　果实近圆形，中等大小，果皮浅黄绿色，贮后为黄色；果面平滑，蜡质少，有光泽，无果锈；果肉洁白，肉质较细，脆嫩多汁，酸甜适口，石细胞少而小，果心较小，可溶性固形物含量 12.1％，品质中上等。

物候期　在黑龙江哈尔滨地区 4 月上中旬花芽萌动，5 月中旬盛花，花期 10 天左右，7 月上旬新梢停长，9 月末至 10 月初果实成熟，果实发育期 135～145 天。

适应性与抗逆性　适于东北及华北北部寒冷地区栽培。适应性广，抗逆性强，其抗寒力与黑龙江主栽品种延边大香水相似，抗腐烂病能力较强，抗黑星病能力中等。

12. 锦丰

品种来历　中国农业科学院果树研究所育成，亲本为苹果梨×茌梨。

生长结果习性　树势强，萌芽力强，发枝力也强；幼年树中、长果枝占一定比例，成年树以短果枝结果为主，果台连续结果能力较弱。

果实经济性状　果实近圆形，平均单果重 230～280 克；果皮绿黄色，果面平滑，有蜡质光泽，有的具小锈斑，果点中多，大而明显；梗洼浅、中广、有沟，萼洼深、中广、有皱褶、具锈斑，萼片多宿存；果肉白色，肉质细嫩，石细胞少，松脆多汁，酸甜适口，风味浓郁，微具芳香，果心小，可溶性固形物含量 12％～15％；品质上等。果实极耐贮藏，一般可贮至翌年 5 月，贮后风味更佳。

物候期　在辽宁兴城 4 月上旬花芽萌动，4 月下旬至 5 月上旬初花，5 月中旬盛花，花期 10 天左右；6 月上旬新梢停止生长，10 月上旬果实成熟；11 月上旬落叶，果实发育期 145 天。

适应性与抗逆性　适应性较强，对土壤条件要求不严格，但要求气候条件冷凉干燥，适于在华北北部和西北等冷凉半湿区栽培，在湿度过大的环境中果面易出现锈斑或全锈；抗寒力较强，较抗黑星病；在有些内陆沙滩地种植，果实易发生木栓化斑点病。

(四) 西洋梨

1. 红考密斯

品种来历　美国品种，为考密斯的果皮浓红型芽变品种。

生长结果习性　树势中庸，以短果枝结果为主，连续结果能力强，抗逆性与巴梨接近。

果实经济性状　果实短葫芦形或近球形，平均单果重 220 克；果皮全面紫红色，果面平滑有光泽，果点中大；梗洼浅或无，萼片宿存或残存，萼洼深而广；果心中大，果肉乳白色，肉质细，柔软，易溶于口，汁液多，酸甜具浓香，可溶性固形物含量 13%，品质上等。

物候期　在山东泰安，果实 8 月上旬成熟。果实在常温下可贮存 15 天，在 5℃左右条件下可贮藏 3 个月。

适应性与抗逆性　品质优良，适于在渤海湾、胶东半岛、黄河故道等西洋梨适栽的梨产区栽培。其适应性较强，喜肥沃沙壤土，抗病力弱，易感腐烂病；而抗风、抗黑星病和锈病能力较强。

2. 红茄梨

品种来历　原产美国，为茄梨的果皮红色芽变品种。

生长结果习性　树冠倒圆锥形，树姿直立，树势中庸，萌芽力较强，成枝力弱。短果枝结果为主。

果实经济性状　果实细颈葫芦形，中等大，平均单果重 131 克；果面全面紫红色，外形美观；果梗基部肉质，无梗洼，有轮状皱纹；萼片宿存，萼洼浅，有皱褶；果心较大，果肉乳白色，肉质细脆而微韧，经 5～7 天后熟，变软易溶，汁液多，可溶性固形物含量 11%～13%，品质上等。

物候期　在辽宁兴城，4 月中旬花芽萌动，5 月上中旬盛花，8 月中旬果实成熟，果实发育期为 97 天。

适应性与抗逆性　适应性强，辽南、胶东半岛和黄河故道等地区均可栽培。抗旱、抗寒力中等，耐盐碱，不抗腐烂病。

3. 巴梨

品种来历　原产于英国，系自然实生苗选育而成，为世界上栽培最广泛的优良西洋梨品种。

生长结果习性　幼树生长旺盛，萌芽率高，发枝力中等偏弱，中、短果枝及腋花芽均可结果，但以短果枝和短果枝群结果为主，隔年结果现象不明显。

果实经济性状　果实粗颈葫芦形，果个大，平均单果重 217 克；果皮绿黄色，经后熟为全面黄色或橙黄色，有时向阳面有浅红晕，果面凹凸不平、有光泽，果点小而密、不明显；梗洼浅狭、有皱褶，萼片宿存或残存；果肉乳白色，肉质细，石细胞少，柔软易溶于口，汁液特多，酸甜，风味浓郁，具浓香，果心较小，可溶性固形物含量 12%～15%，品质上等。

物候期　在辽宁兴城，4 月上中旬花芽萌动，5 月中旬盛花，花期 7～10 天；6 月上中旬新梢停止生长，8 月下旬至 9 月上旬果实成熟，果实发育期 115 天。

适应性与抗逆性　适应性广，抗风能力强，但抗寒力弱，在 －25℃情况下受冻严重。抗病能力弱，尤其易感腐烂病。但抗黑星病和锈病的能力较强。

4. 康佛伦斯

品种来历　原产于英国，为英国的主栽品种。我国北京、河北、河南、辽宁、山西和甘肃等地均有引种试栽。

生长结果习性　树势中庸，树冠纺锤形，树姿直立，萌芽力强，成枝力中等，短果枝结果较多。

果实经济性状　果实细颈葫芦形，果肩常向一方歪斜，中大，平均单果重 163 克；果皮绿色，后熟为绿黄色，有的果实阳面有淡红晕，果面平滑有光泽；果点小，中多，果梗与果肉连接处肥大；无梗洼，有唇形突起；萼片宿存，萼洼有皱瘤。果肉白色，肉质细，经后熟后变软，易溶于口，汁液多，味甜具香气，品质上等。可溶性固形物含量 13%～15%。

物候期　在辽宁兴城 4 月中下旬花芽萌动，5 月中旬盛花，9

月上旬果实成熟，果实发育期 112 天。

适应性与抗逆性 该品种果实较大，味浓甜，品质优，较丰产，商品价值高，但果实不耐贮。抗寒力中等，抗腐烂病能力稍差。

5. 红巴梨

品种来历 美国品种，系巴梨果皮红色芽变品种。

生长结果习性 树势较强，萌芽率高，发枝力强，以短果枝和短果枝群结果为主。

果实经济性状 果实粗颈葫芦形，果个大，平均单果重 225 克；果皮幼果期全面深红色、成熟果底色绿色、向阳面为深红色，套袋果与后熟果底色黄色，向阳面鲜红色；果面平滑，略有凹凸不平，有蜡质光泽，无果锈；果点小而多，不明显；梗洼浅狭、具沟状、有条锈，萼洼浅而狭、有皱褶，萼片宿存或残存，外观漂亮艳丽；果肉乳白色，肉质细腻，石细胞极少，柔软多汁，风味甜，并具浓香，果心小，可溶性固形物含量 13.8%，品质上等。

物候期 在辽宁熊岳 4 月上旬芽萌动，4 月下旬盛花，花期 10 天左右；6 月上旬新梢停止生长，9 月上旬果实成熟，比巴梨晚 10 天左右，果实发育期 125 天。

适应性与抗逆性 适应性较强，适于在辽南、胶东半岛、黄河故道等西洋梨适栽的梨产区栽培。喜肥沃沙壤土；抗寒力弱，在 -25℃ 情况下受冻严重；抗病力弱，尤其易感腐烂病；而抗风、抗黑星病和锈病能力较强。

6. 红安久

品种来历 美国华盛顿州发现的安久梨果皮浓红型芽变品种。

生长结果习性 树势中庸，树冠近纺锤形，幼树直立，盛果期半开张，以短果枝结果为主。

果实经济性状 果实葫芦形，平均单果重 230 克；果皮全面紫红色，果面平滑有光泽，果点小，中多；梗洼很浅、窄，萼片宿存或残存，萼洼浅而狭，有褶皱；果肉乳白色，肉质细，后熟变软，汁液多，酸甜适度，具浓香，可溶性固形物含量 14% 以上，品质上等。

物候期　在山东济南 3 月底花芽萌动，4 月中旬盛花，花期 10 天左右，9 月下旬至 10 月上旬果实成熟，果实发育期约 160 天。

适应性与抗逆性　适宜在渤海湾、胶东半岛、黄河故道等西洋梨适栽的梨产区栽培。适应性较强，喜肥沃沙壤土；抗病力较弱，尤其易感腐烂病；而抗风、抗黑星病和锈病能力较强。

二、梨树高接换种技术

梨树高接换种是在健壮的老品种上换接优良品种接穗，利用其恢复原有树冠，实现品种迅速改良的一项重要技术。由于原有梨树已具有发达的根系，多头高接后树冠恢复快，一般第二年开始结果，第三年可基本恢复树冠。其技术简单易行、投资少、见效快，是改造低产劣质梨树、淘汰老品种的好办法。

（一）高接树选择与品种配置

几年生至数十年生的梨树，只要树体生长健壮，均可用高接换种的方法来改换品种。土壤管理良好、排灌方便的梨园，梨树树体生长健壮，高接后树冠恢复快，效果好；而立地条件差，生长衰弱的梨树，根系生长也差，高接的效果不好。考虑到梨园的生产效益，可以分年、分片、隔株进行高接换种，小年多接，大年少接。高接时要根据当地的气候、土壤及市场行情合理选择高接品种，安排好授粉品种，并注意早、中、晚熟品种的熟期搭配。

（二）高接前的准备

1. 树体改造 一般 10 年生以下的梨树，可以保留中心干高接；10 年生以上的梨树可去除中心干，改造成自然开心形。树体改造时选留 3～4 个主枝，每个主枝选留一二个侧枝，根据主枝、侧枝的长度，主枝截留 2/3，侧枝截留 1/2。疏除主枝、侧枝的背上、背下枝，保留左右两侧的分枝，同侧每隔 40 厘米左右选一个粗度（直径）1～4 厘米的分枝（即高接枝头间隔 20 厘米左右），在枝条基部 5～8 厘米处将上部截去，留下的短桩作为嫁接的砧桩，其余细小和粗大的分枝均疏除。高接树的树体改造在嫁接前 1～2 天进行，随修整随嫁接。接芽的数量依据树冠大小而定，嫁接部位留得过多，易造成枝条拥挤，树冠密蔽，影响枝条的健壮生长，枝条细弱；嫁接部位留得过少，树冠恢复慢，影响第二年的结果量。一般 30 年左右的树，接 40～60 个头，10～20 年生的树接 30～40 头，10 年以下的树接 10～20 个头，高接头在主枝、侧枝及辅养枝两侧交替分布。

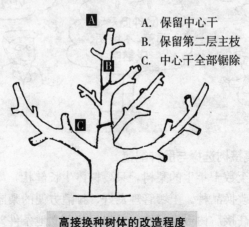

A. 保留中心干
B. 保留第二层主枝
C. 中心干全部锯除

高接换种树体的改造程度

2. 接穗的采集与贮藏 冬季修剪时，选择品种纯正、优质、丰产、无病虫害的母树，剪取树冠外围生长充实、芽眼饱满的一年生枝作接穗，每50或100条捆成一捆，作好品种标记。采集的接穗要进行低温保湿贮藏，保持温度0℃左右和湿度80%左右。根据不同产区气候特点，可用湿沙贮藏或放入冰箱或冷库贮藏，高接前将接穗从基部剪去1厘米，竖放在深3～4厘米清水中浸泡一夜，使接穗充分吸水。

3. 高接工具的准备 提前准备好嫁接刀、绑扎用塑料薄膜等。高接量大时可用削穗器集中削接穗，效率较高。

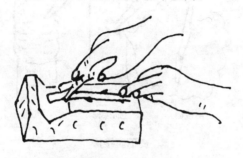

用削穗器削接穗

（三）高接的时期与方法

1. 高接时期 南方约在2月下旬至4月上旬进行，北方在3月下旬至5月上旬进行。高接方法不同，嫁接时期也有差异。切接和劈接法稍早，早春树液开始流动、芽尚未萌发时即可进行；皮下切接（也称皮下接、插皮接）、皮下腹接稍晚，萌芽后树皮容易剥离时开始进行。

2. 高接方法 梨树高接主要采用枝接方法，包括切接、劈接、切腹接（即腹接）、皮下接、皮下腹接等，高接时可以灵活选用。主、侧枝留桩嫁接的部位采用切腹接或皮下切接（依粗度而定，一般4厘米以上用皮下切接，4厘米以下可用切腹接）；直径在2厘米以下的小枝可采取劈接或切接；内膛枝干3～5年生光秃部位，采用皮下腹接，以插枝补空。成年大树高接以皮下接、切腹接应用最为广泛。切接、劈接、切腹接、皮下接的操作方法参照本书第三章。

皮下腹接：先刮掉将插枝部位的老树皮，开 T 字形切口，竖口的方向与枝干呈 45°角，横口深达木质部，再在横口上挖半圆形斜面，撬开竖切口，插入接穗，用塑料膜包扎绑紧。接穗的削法同皮下接，只是削面稍短。

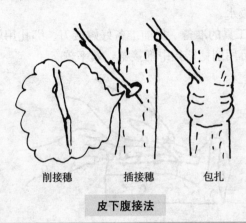

削接穗　　　插接穗　　　包扎

皮下腹接法

高接梨树有时也采用芽接法，主要在春季嫁接而未成活时使用，根据发枝需要，对留蓄老品种的萌蘖枝进行补接，方法有嵌芽接、T 字形芽接（参照本书第三章）。嫁接时期在当年生枝条充实后即可进行，一般北方 7～8 月，南方 8～9 月。

为提高高接后早期生产效益，可配置短枝、长枝和花芽"三套"接穗，外围切接恢复树冠，内膛腹接花枝促进光秃部位结果，当年就能少量结果。

（四）高接后的管理

1. 及时补接　接后 7～10 天及时检查成活情况。发现接穗表皮皱缩失水或干枯变黑时，及时补接。

2. 绑支柱及解除包扎物　新梢生长至 10～15 厘米时，绑立支柱，防止风折。待新梢中下部已木质化，嫁接口基本愈合时，解除支柱和包扎物。

3. 夏季修剪　嫁接后，夏季高接的在第二年春季萌芽前将接穗以上剪（锯）掉，及时抹除砧木萌芽，新梢长 60 厘米时摘心，同时拉枝开角，有大风地区用小竹竿作支架保护新梢。

4. 加强肥水和田间管理　及时施肥、浇水、中耕、锄草、防治病虫害，重点防治蚜虫、梨锈病、黑斑病、黑星病、梨木虱等病虫。尤其是在梨瘿蚊发生较多的地区应加强该虫的防治，否则将影响高接后新梢叶面积的形成。

（五）高接换种新技术——骨干枝打洞腹接法

骨干枝打洞腹接法是近年来推广的一种大树高接换种方式，在嫁接部位过粗时采用。高接在树体离皮时进行。

首先可去掉中心干，将树体改造为开心形。主枝和侧枝的两侧每隔25～30厘米选一个嫁接点，先刮除枝干粗皮，用木工用的宽2.5～3厘米的凿刀，在主、侧枝上选定的部位，先沿枝条方向垂直凿一深达木质部的横刀口，然后在其上凿出一个三角形，将树皮取下，形成一个没有树皮的三角形洞；再从第一横刀垂直向下凿2.5～3厘米，深达木质部，以便插入接穗。接穗的削法：在接芽的下方约2.5厘米处剪断，然后用嫁接刀在接芽的背面从芽基处向下削2.5～3厘米斜切面，呈长马耳状，再用刀在接芽的正面下方1厘米处斜削一刀，最后从接芽上端1厘米处剪下单芽接穗。以枝为单位开砧嫁接，在一整个骨干枝接穗插入完后，用15厘米宽的塑料薄膜螺旋状自下而上将该骨干枝所有嫁接点整体绑缚扎紧即可。

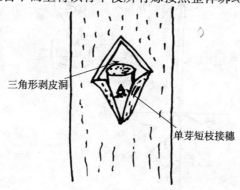

三角形剥皮洞

单芽短枝接穗

打洞腹接示意图

第三章 梨树育苗及建园技术

一、梨树育苗

（一）壮苗标准

健壮的苗木是梨园早果、丰产、稳产的基础。优质梨苗要求二年生以上（含二年生），地上部苗木高 120 厘米以上，嫁接口距根颈处 8 厘米左右，接口愈合良好，嫁接口以上 5 厘米处粗度 1.2 厘

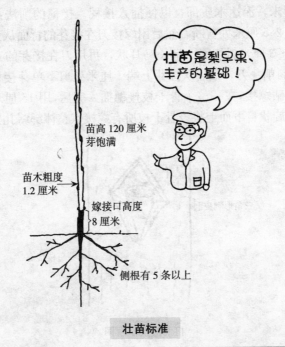

苗高 120 厘米
芽饱满

苗木粗度
1.2 厘米

嫁接口高度
8 厘米

侧根有 5 条以上

壮苗是梨早果、丰产的基础！

壮苗标准

米左右，整形带内饱满芽 8 个以上，苗茎的倾斜度不大，茎皮无干缩皱皮、无伤；地下部侧根分布均匀、舒展、不卷曲，侧根至少 5 条，每条长 15 厘米以上，有较多的须根，要求不带病菌与害虫。国家规定的优质苗规格标准见表 3-1、表 3-2。

表 3-1 梨实生砧苗的质量标准

项　目		规　格		
		一　级	二　级	三　级
品种与砧木			纯度≥95％	
根	主根长度（厘米）		≥25.0	
	主根粗度（厘米）	≥1.2	≥1.0	≥0.8
	侧根长度（厘米）		≥15.0	
	侧根粗度（厘米）	≥0.4	≥0.3	≥0.2
	侧根数量（条）	≥5	≥4	≥3
	侧根分布		均匀、舒展而不卷曲	
基砧段长度（厘米）			≤8.0	
苗木高度（厘米）		≥120	≥100	≥80
苗木粗度（厘米）		≥1.2	≥1.0	≥0.8
倾斜度			≤15°	
根皮与茎皮			无干缩皱皮、无新损伤；旧损伤总面积≤1.0 厘米²	
饱满芽数（个）		≥8	≥6	≥6
接口愈合程度			愈合良好	
砧桩处理与愈合程度			砧桩剪除，剪口环状愈合或完全愈合	

表 3-2 梨营养系矮化中间砧苗的质量标准

项　目	规　格		
	一　级	二　级	三　级
品种与砧木		纯度≥95％	

（续）

项　目		规　　格		
		一　级	二　级	三　级
根	主根长度（厘米）	≥25.0		
	主根粗度（厘米）	≥1.2	≥1.0	≥0.8
	侧根长度（厘米）	≥15.0		
	侧根粗度（厘米）	≥0.4	≥0.3	≥0.2
	侧根数量（条）	≥5	≥4	≥4
	侧根分布	均匀、舒展而不卷曲		
基砧段长度（厘米）		≤8.0		
中间砧段长度（厘米）		20.0～30.0		
苗木高度（厘米）		≥120	≥100	≥80
苗木粗度（厘米）		≥0.8	≥0.7	≥0.6
倾斜度		≤15°		
根皮与茎皮		无干缩皱皮、无新损伤；旧损伤总面积≤1.00厘米^2		
饱满芽数（个）		≥8	≥6	≥6
接口愈合程度		愈合良好		
砧桩处理与愈合程度		砧桩剪除，剪口环状愈合或完全愈合		

（二）砧木选择与培育

1. 砧木的种类与特性　砧木是优质苗木培育的基础，不同砧木对环境条件及病虫的抗逆性不同。我国梨砧木资源极为丰富，其类型多，分布广，多为野生或半野生状态，具有广泛的适应性。常用的梨砧木种类如下：

（1）杜梨　抗旱砧木，野生于我国华北、西北各地，辽宁南部以及湖北、江苏、安徽等地也有分布。根系发达，生长强旺，适应性广，抗逆力强，嫁接易成活、结果早、丰产性好，与栽培梨品种的亲和力均好，为使用最广泛的砧木。缺点是易感染腐烂病，不抗火疫病。在北方表现好，在南方的表现不及砂梨、豆梨。

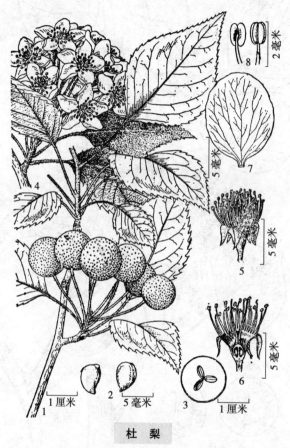

杜　梨

1. 果枝　2. 种子　3. 果实横切面　4. 花枝

5. 花（除去花瓣）　6. 花纵剖面　7. 花瓣　8. 雄蕊

（引自许方，1992）

（2）豆梨　抗病砧木，野生于我国华北、华南各省。适宜偏酸性及温暖湿润的生态环境，与砂梨、白梨和西洋梨品种的亲和力强，对腐烂病的抵抗力强，耐寒、旱、涝、盐、瘠能力略差于杜梨。为西洋梨及华东、华中、华南地区常用的砧木。

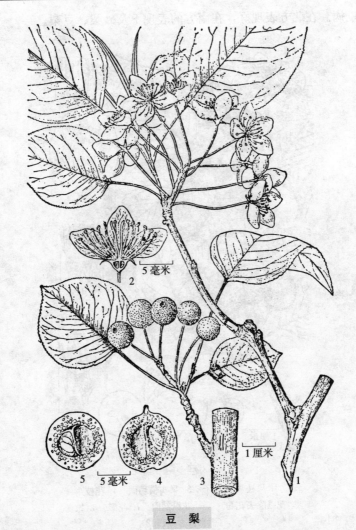

豆 梨

1. 花枝 2. 花纵剖面 3. 果枝 4. 果纵剖面 5. 果横剖面

（引自许方，1992）

（3）秋子梨 又称山梨。抗寒砧木，分布于我国的东北、华北北部及西北，是梨属植物中最抗寒的种，野生种能抗－52℃的低温。耐旱，根系发达，适宜在山地生长，但不耐盐碱。嫁接苗旱果、丰产，植株高大、寿命长，抗腐烂病与黑星病，与秋子梨、白梨和砂梨品种嫁接亲和力强，而与西洋梨的亲和力较弱，易得铁头病。可在东北、内蒙古、陕西和山西等寒地梨区应用，但在温暖湿润的南方不适应。

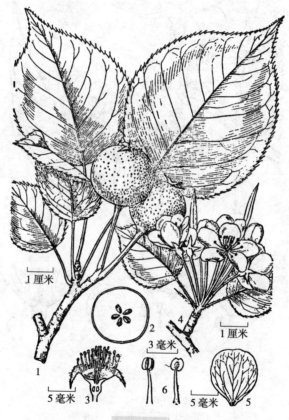

秋子梨

1. 果枝　2. 果实横剖面　3. 花纵剖面
4. 花枝　5. 花瓣　6. 雄蕊
（引自许方，1992）

（4）砂梨　抗涝砧木，野生于我国长江与珠江流域各省。根系发达，耐热、抗旱、抗腐烂病能力中等，抗寒力较差。适宜于偏酸性土壤和温暖潮湿的生态环境。

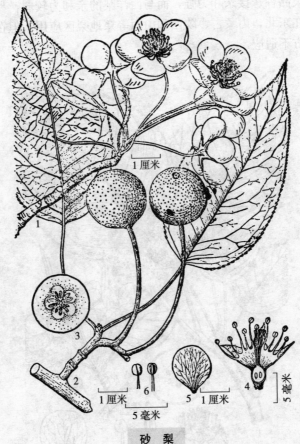

砂　梨

1. 花枝　2. 果枝　3. 果实横切面

4. 花纵剖面　5. 花瓣　6. 雄蕊

（引自许方，1992）

　　除以上砧木种类外，川梨、褐梨、麻梨、木梨、河北梨和杏叶梨等也可作砧木。其中褐梨多用在北方，川梨在西南地区应用较多，麻梨用于西北，河北梨用于华北东北部。

　　此外，在矮化砧方面，榅桲是西洋梨的主要矮化砧，其特点是嫁接树矮化、结果早、丰产，一般与西洋梨亲和力好，与东方梨亲和力差，常用的砧木有榅桲 A 和榅桲 C；美国选育出的 OH×F 系列多数抗梨火疫病和衰退病，其中 OH×F51 早果性好，但繁殖相当困难。中国农业科学院果树研究所从锦香梨实生后代中选育出半矮化砧中矮 1 号（原代号 S2）、以香水梨×巴梨杂交选育出矮化中间砧中矮 2 号（原代号 PDR54）、山西省农业科学院果树研究所选育出矮化自根砧 K13、K19、K21、K28、K30 和 K31 等优系。

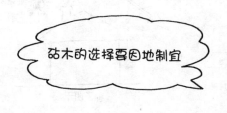

砧木品种	特　性	适宜区域
杜梨	抗旱、耐涝、耐盐、抗寒易感腐烂病，不抗火疫病	北方地区
豆梨	抗旱、耐涝、较耐盐、抗腐烂病	长江流域及以南地区
秋子梨	耐旱、最耐寒	东北、内蒙古等寒冷地区
砂梨	抗涝力强，耐热、抗旱、抗寒力较差	南方及西部地区

2. 砧木苗繁育

（1）种子采集与层积

①种子采集　于 8～9 月份梨砧木种子成熟时，选择品种纯正、生长健壮、无病虫害的优良单株作为采种母树。采回的果实堆放使之腐烂，厚度不超过 30 厘米，以免内部发热烧坏种子。定期适当少量浇水，并翻动，使堆温不高于 40℃。果实变腐烂后，可用水冲、淘、搓、揉等，取得干净的种子。淘洗出的种子通常放置在阴凉处晾干，以防贮藏时腐烂，不宜暴晒。冬藏前，用筛、簸、水漂等方法去杂、去秕、去劣，选出饱满的种子。

40℃以下

30厘米

采集砧木果实

堆放

淘洗

避免阳光
直射

种子

种子阴干

②种子层积　外观成熟的砧木种子必须在一定的湿度、通风和低温条件下，经过一段时间后熟才能萌发。对于秋播的种子，采种后即可播下，任其在苗圃地完成后熟过程。如为春播，则要在播前50～70天进行种子层积处理，以完成后熟。

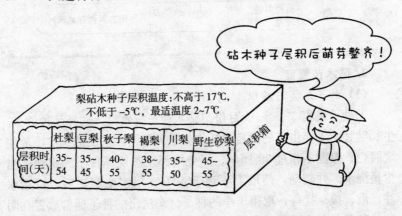

砧木种子层积后萌芽整齐！

梨砧木种子层积温度:不高于17℃,
不低于-5℃,最适温度2~7℃

	杜梨	豆梨	秋子梨	褐梨	川梨	野生砂梨
层积时间(天)	35~54	35~45	40~55	38~55	35~50	45~55

层积箱

种子层积方法：按 1 份种子、4～5 份河沙的比例加水混合，沙粒要求小于砧木种子。将拌好的种沙混合物置于木箱或砂罐等透水容器中，或堆放于窖中。也可在露地选择排水良好的地方开沟层积。温度 0～7℃ 为宜。沙的湿度以手握成团不滴水，一触即散为度，含水量 50% 左右。层积期间应定期检查，注意内部不要过干、过湿并防鼠害等。随时检查种子的发芽情况，当发现有 80% 的种子尖端发白时，即可以播种。

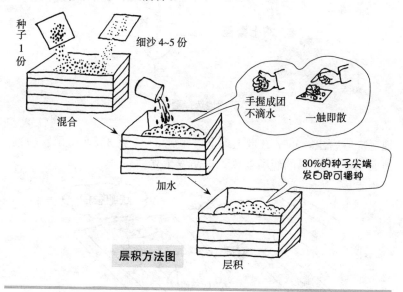

种子 1 份

细沙 4~5 份

混合

手握成团不滴水

一触即散

加水

80%的种子尖端发白即可播种

层积方法图

层积

（2）圃地选择与整地　苗圃地要求交通便利、地块平整、肥沃的沙壤土或壤土、排灌方便、阳光充足。已经育过苗的地不宜再作苗圃，如果连续育苗，则苗木生长不良，出现重茬病。育苗后种植蔬菜或大田作物，3 年后方可再次育苗。

播种前必须细致整地，要对育苗地进行深耕、施肥和消毒。耕作深度一般为 30～40 厘米。经过深翻的地，土壤结构得到改善，有利于土壤中微生物的活动，为种子发芽和根系生长发育创造良好的环境条件。施肥以有机肥（如土粪、堆肥、厩肥、人粪尿等）为主，一般每 667 米² 施腐熟圈肥 1.5～2.5 吨，同时配施少量过磷酸钙，不施挥发性较强的氨水或碳酸氢铵等肥料。为防蛴螬、蝼蛄、

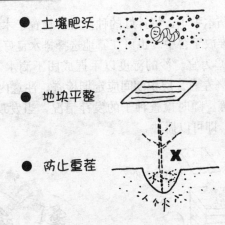

● 土壤肥沃

● 地块平整

● 防止重茬

苗圃地选择要求

地老虎等害虫，每平方米土地上可撒施 3～4 克 3‰辛硫磷颗粒剂，地面喷 2‰～3‰的硫酸亚铁，以防发生立枯病。

底肥要足

土杂肥

辛硫磷

整地要求

（3）播种及播种后管理

①播种时期　可分为秋播和春播。采用秋播或春播要根据当地的土壤、气候条件和种子特性决定。在长江流域可秋播，秋播出苗早、整齐，苗木健壮，生长较好，当年达到嫁接粗度的苗多；还可省去层积处理的工序，而且播种期较长，便于安排劳力。秋播宜在秋末、冬初土壤封冻前进行。北方宜于春播，在早春土壤解冻后进

行，以免种子受冻。春播时期南方可早，北方宜迟。

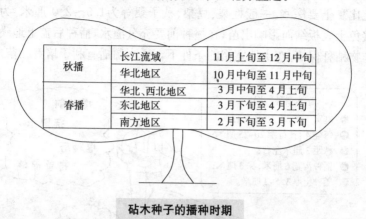

秋播	长江流域	11月上旬至12月中旬
	华北地区	10月中旬至11月中旬
春播	华北、西北地区	3月中旬至4月上旬
	东北地区	3月下旬至4月上旬
	南方地区	2月下旬至3月下旬

砧木种子的播种时期

②播种量　播种量在很大程度上影响苗木产量、质量和育苗成本的高低。可用下列简单公式计算：

$$每667米^2播种量 = \frac{每667米^2计划育苗数}{每千克种子数 \times 种子发芽率 \times 种子纯洁度}$$

种类	每千克种子数（万粒）	每667米²播种量（千克）
杜梨	2.8~7.0	1.0~2.5
豆梨	8.0~9.0	0.5~1.5
秋子梨	1.6~2.8	2.0~6.0
褐梨	3.5~5.2	1.0~2.5
川梨	2.5~6.8	1.5~3.0
野生砂梨	2.0~4.0	1.0~3.0

③播种方法　由于梨的砧木种子小，一般采用撒播或条播。撒播省工，产苗量较多，可经济利用土地，但存在用种量较大、苗木分布较密、管理不便和苗木生长细弱等缺点，生产上应用较少。条播在生产上应用最广泛。一般播种深度以种子大小的2～3倍为宜。在干燥

地区比湿润地区播种要深些，秋、冬播比春、夏播要深些，沙土、沙壤土比黏土要深些。一般杜梨、豆梨、秋子梨等为1.5～2.0厘米。为了避免土表板结而影响出苗，在播种前要充分灌水，播种后盖上地膜或作物秸秆保墒。在土地宽裕的条件下，适当稀播有利于培育壮苗。

砧木播种数据
- 畦宽 1 米，长 10 米左右；
- 每畦 4 行，行距 20~25 厘米；
- 株距 3 厘米左右；
- 播种沟宽 6 厘米，深 3 厘米；
- 盖种土厚 1.5~2 厘米。

播种前
浇足水
播种后
覆盖保墒

播种沟

　　播种后常用稻草或薄膜进行地面覆盖，以提高土温、保持水分、促进萌发。要经常注意种子发芽出土情况。幼苗出土前切忌浇水，如果土壤干旱，可在傍晚时喷水增墒；出苗以后，如果天气干旱，幼苗期可浇水 2～3 次。雨水多时要注意清沟排涝。

　　待气温上升，梨苗扎根较好，能较好地吸收养分和水分时，应加强土肥水管理。追肥春、夏季各 1 次，每 667 米^2 追施硫酸铵 10～15 千克或尿素 7～8 千克。幼苗出现 6～8 片真叶时，按株距 20～30 厘米定苗。苗木生长季节及时除草、松土，保持土壤疏松、无杂草，注意蚜虫、卷叶蛾、刺蛾、网蟀等害虫的防治。蚜虫可用 10％吡虫啉可湿性粉剂 2 000 倍液防治；卷叶蛾少时可人工摘除，多时可用 Bt 乳剂 500～1 000 倍液；刺蛾用 20％甲氰菊酯乳油 2 500 倍液防治。叶片出现病害可用 240 倍的石灰倍量式波尔多液、70％代森锰锌可湿性粉剂 800 倍液、70％甲基托布津可湿性粉剂 800 倍液等药剂防治。

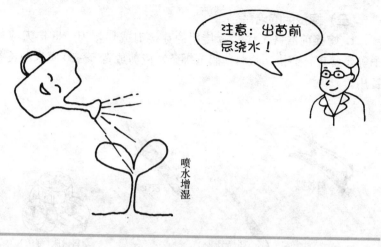

喷水增湿

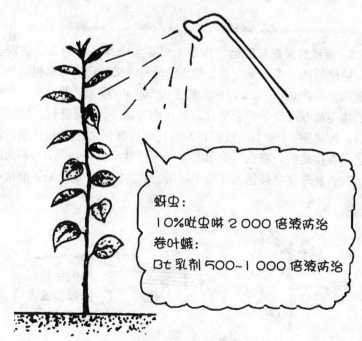

砧木种子出苗后的虫害防治

（三）嫁接苗的培育

1. 嫁接前准备工作　嫁接用的芽接刀或切接刀、劈接刀或剪子等要备齐、磨快，塑料薄膜（绑条）应剪成宽 5～10 厘米的长条备用。

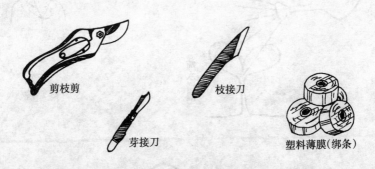

剪枝剪　　　　枝接刀

芽接刀　　　　塑料薄膜(绑条)

2. 接穗的采集与贮运　接穗采集必须选择品种纯正、表现较好、树体健壮、无严重病虫害的成龄母树或采穗圃，剪取树冠外围中上部粗度在 0.6～0.8 厘米、长度为 50～60 厘米的营养枝。春季用的接穗最好结合冬剪采集，最迟在萌芽前 2～3 周进行。接穗采好后，按每捆 50 或 100 枝用布带绑扎，挂牌标明品种和日期。接穗运到嫁接地后，需在干燥阴凉之处进行沙藏保存，隔 5～7 天翻动 1 次。秋季芽接接穗最好随采随用。如需提前采集，采下的接穗

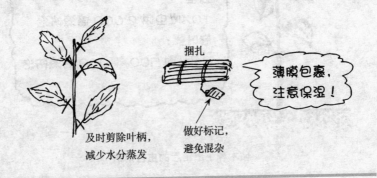

及时剪除叶柄，
减少水分蒸发

捆扎

做好标记，
避免混杂

薄膜包裹，
注意保湿！

应立即去掉叶片，保留叶柄，减少水分蒸发。如需远运，50 枝捆成一捆，附上品种标签，用双层湿蒲包或塑料薄膜包好，既要保湿，又要透气。

3. 嫁接时期 芽接一般在形成层细胞分裂最旺盛、皮层容易剥离时进行，嫁接后接芽容易愈合。无论南方、北方，还是春、夏、秋季，凡皮层容易剥离，砧木已达到要求的粗度，接芽已发育充实，都可进行芽接。在北方由于气候寒冷，主要在秋季芽接，过早芽接当年易萌发，冬季易受冻；过晚则不易离皮，愈合困难。如此时遇上秋旱，应在嫁接前灌水。

枝接也可分春、秋两季进行。早春树液开始流动，芽尚未萌发即可嫁接，只要接穗保存在阴凉处不发芽，一直可接到砧木展叶为止。南方地区因气候暖和，一般可在 2～4 月进行春季枝接，北方地区稍晚，一般 3 月下旬至 5 月上旬嫁接。北方寒冷地区秋季一般不进行嫁接，而在落叶后将砧木与接穗贮于窖中，冬季进行室内嫁接，春季移到苗圃。

嫁接方法	地　区	时　期
芽接	东北、西北、华北	7 月上旬至 8 月中旬
	华中地区	7 月中旬至 9 月中旬
	华南、西南	8～9 月
枝接	南方	2～4 月
	北方	3～5 月

4. 嫁接方法 梨树嫁接分为枝接和芽接。用芽片作接穗的称为芽接；用枝段作接穗的称为枝接。为提高嫁接成活率，要掌握好"快、平、齐、紧"四点。

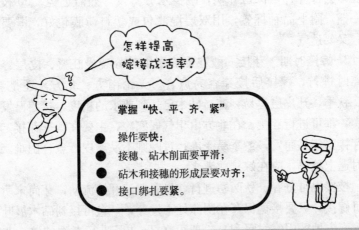

（1）**芽接法**　芽接是梨树育苗应用最广泛的嫁接方法。其优点是接穗用量少，愈合容易，结合牢固，成活率高，操作简便易掌握，工作效率高。同时，可接时间长，未成活的便于补接，适于大量繁殖。

①丁字形芽接　削芽时选择接穗中上部饱满芽，在芽上方约0.6厘米处，横切一刀，深达木质部，后在下方约1厘米处向芽上方拉刀，过横切刀口，然后用手捏住叶柄和芽横向左右推芽片，使芽片与木质部分离，即可取下叶片。芽片削好后，在砧木基部离地面4～6厘米处，选光滑无疤部位，开丁字形略长于芽片的切口。用削皮骨片将皮剥开，然后把芽片顺丁字切口下推，嵌入砧木皮下，使芽片上方与丁字形切口对齐。最后，用塑料薄膜等自下而上

| 削芽片 | | 开砧 | 插入芽片 | 绑扎 |

丁字形芽接法

扎紧。过去绑缚时要露出接芽和叶柄。近年来，实践证明，不露接芽和叶柄成活率高，且操作方便。

②嵌芽接　嵌芽接又称带木质部芽接。不论砧木与接穗离皮与否均可采用此法。由于梨树枝条木质坚硬，芽基较大，采用丁字形芽接法时，往往不易操作，影响接芽成活，而用嵌芽接简便易行，成活率高，且不受季节限制，一年四季均可。

先在芽上方 0.8～1.0 厘米处向下斜削一刀，长约 1.5 厘米，然后在芽下方 0.5～0.8 厘米处斜切（30°）到第 1 刀口切面，取下带木质的芽片。砧木上接口削法和接芽相似，但切口比芽片稍长，插入芽片后形成层和形成层对齐，使两者吻合，若接芽较小，应使一边靠齐，最后用塑料条绑紧。

削芽片　　　　　开砧　　　插入芽片　　　绑扎

嵌芽接

（2）枝接法　枝接法操作不如芽接法简单，但在秋季芽接未成活的砧木进行春季补接时多采用枝接法，尤其是砧木粗大、接穗均不易离皮或需要进行根接和冬季室内嫁接或大树高接换头时采用。枝接可在休眠期进行。

①切接　切接法是梨树育苗上应用最广泛的一种枝接方法，具有操作简单、嫁接成活率高的特点。

在砧木离地面 5 厘米处剪断，削平剪口，选树皮光滑一侧，于木质部边缘向下纵切一刀，长 2～3 厘米，切口的长度与接穗长面相对应。接穗通常剪成 5～8 厘米，带 1～2 个芽为宜，削成长面长 2.5～3 厘米、短面长 1 厘米的双削面。将接穗的长切面，紧贴砧木的内切面插入，将砧木双方一侧的形成层对齐密合，然后将砧木切开的皮层包在接穗外面，用塑料薄膜（以聚氯乙烯薄膜为好）将砧穗上的剪口密封扎紧,防止水分蒸发和雨水淋入,确保嫁接成活率。如果接穗在嫁接前没有蘸蜡,接穗上部的剪口用塑料薄膜进行全密封。

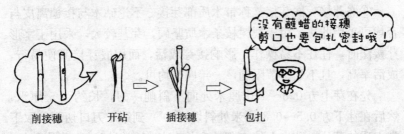

削接穗　　开砧　　插接穗　　包扎

切接法

②劈接　多在春季芽萌动、尚未发芽前进行。将砧木按一定的高度截去,削平断面,用劈接刀在断面中间垂直劈开,深度在3厘米以上。削取接穗时,选带2~4个芽的茎段,在下部两侧各削一长为3~4厘米的楔形削面,并在离下部芽1厘米处下刀,以免过近伤害下芽。削好后,将接穗插入砧木劈口,务必使接穗的形成层和砧木的形成层对准,并注意不要把削面全部插入,应留0.5厘米左右,称为"留白",利于伤口愈合。根据砧木粗细,可插2~4个接穗,将塑料薄膜剪成宽3~6厘米的条带,并对接口进行包扎,尤其是砧木断面伤口,务必包好,不使水分蒸发。如果接穗在嫁接前没有蘸蜡,接穗上部的剪口用塑料薄膜进行全密封。

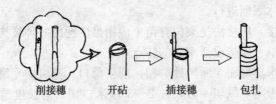

削接穗　　开砧　　插接穗　　包扎

劈接法

③插皮接　又称皮下接。操作简单、嫁接效率高,被广泛采

用，多用于高接换种和老树更新。嫁接时间宜在树液流动、皮层容易剥开时进行。嫁接时，先将砧木在适宜的高度截断，并削平伤面，选断面较光滑的部位，用刀纵切皮层深达木质部，切口长3～4厘米，再用竹片将皮层挑开。选取一段带有2～4个芽的接穗，用刀于顶芽对侧下部削长3～5厘米的马耳形削面，再在长削面背后尖端削长约0.6厘米的短削面，然后将削好的接穗插入砧木皮层裂口处，使长削面向里插入，注意"留白"。最后用塑料薄膜扎紧并密封砧穗伤口。如果接穗在嫁接前没有蘸蜡，接穗上部的剪口用塑料薄膜进行全密封。

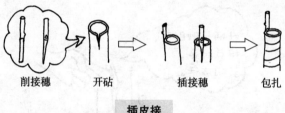

削接穗　　　开砧　　　　插接穗　　　　包扎

插皮接

④腹接　接穗削法和劈接相似，但削成斜楔形，长边厚，短边薄。砧木可不剪断，选平滑一侧向下斜切一刀，使之与接穗削面的大小、角度相适应，深度不可超过砧木的髓部，将接穗插入，绑缚好。这种接法因砧木有夹力，成活率高。如果接穗在嫁接前没有蘸蜡，接穗上部的剪口用塑料薄膜进行全密封。

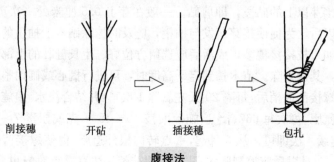

削接穗　　　开砧　　　　插接穗　　　　　包扎

腹接法

5. 嫁接后的管理

（1）检查成活与解除绑缚　嫁接后 10～15 天，巡回检查嫁接的成活情况，发现未成活者要及时补接。嫁接后半个月内，接穗或芽保持新鲜状态或萌发生长，说明已成活；相反，如接穗或接芽干缩，说明未接活，应及时在原接口以下部位补接，或留 1 个萌蘖，到夏季再进行芽接。夏、秋两季芽接后 7～10 天愈合。此时，接芽保持新鲜状态，或芽片上的叶柄用手一触即落，则说明已成活；相反，接芽干缩或芽片上的叶柄用手触摸不落，则说明未接活。接口的包扎物不能去除太早，一般在 3 周以后解绑。

叶柄一触即落，
接芽绿色，
表明成活。

检查成活

（2）嫁接苗的管理　嫁接成活后的砧苗，应在春季接芽萌发前剪去接芽以上的砧段，即剪砧。一般在芽上 0.5 厘米处一次剪掉。剪砧以后，为促使接芽萌发与抽梢，应及时抹除砧木上抽生的萌蘖芽。如果枝接接穗多，成活后应选留方位好、生长健壮的上部一根枝条，其余去除。苗木长到定干高度时，可进行摘心或圃内整形。

嫁接苗抽梢后，每隔 20 天左右除 1 次草，并结合浇水，追施 1 次速效氮肥，每次每 667 米^2 追施硫酸铵 10～15 千克或尿素 7～8 千克，连续 4 次即可。从 6 月起，重点转向根外追肥，促使嫁接苗健壮生长。7 月以后应控制肥水，防止后期徒长。注意重点对蚜虫、金龟子、梨缩叶瘿螨和黑星病、黑斑病进行防治，确保嫁接苗正常生长。

（四）苗木出圃

1. 准备工作　出圃前数月，核对出圃苗木种类、品种和数量，做到数量准确，品种不混。根据调查结果及外来订购苗木情况制定出圃计划，制定苗木出圃操作技术规程，包括起苗方法和技术要求、分级标准、苗木消毒方法和包装质量等。

2. 起苗　起苗时期一般在新梢停长并已充分木质化、顶芽已形成并开始落叶时进行。起苗时应逐床、逐行分品种进行，切忌混杂。要尽量少伤根，保证苗木质量，如果土壤干燥应提前浇水，挖出的苗木，应就地适时进行假植，尽可能减少根部暴露时间。

3. 分级、检疫、消毒、包装和运输　苗木分级是圃内最后的选择工作。一定要根据国家及地方的有关标准，将出圃苗木进行分级。不合格的苗木应列为等外苗，可留在圃内继续培养。在进行分级时应同时剪除生长不充实的枝梢及病虫为害部分和根系受伤部分。苗木出圃必须附有苗木标签和苗木质量检验证书。运往外地的梨苗，应经当地检疫单位检疫，获得检疫出口许可证后才能运出。

苗木出圃时要很好地消毒，一般用喷洒、浸苗和熏蒸等方法。苗木外运必须妥善包装，包装前将包装材料充分浸水保持一定的湿度。

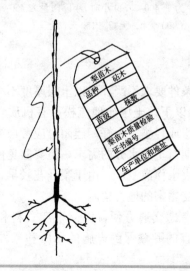

二、建园技术

（一）园地选择与规划

1. 园地选择 梨树建园要综合考虑当地的气候、土壤、灌溉、地势、地形等因素。园地要远离城镇、交通要道和"三废"污染的工矿区，环境质量指标（包括空气、土壤及灌溉水）符合农业行业标准《无公害食品 梨产地环境条件》（NY/5102—2002）的要求。

背景小知识

梨树栽培的气候条件

梨树一般要求年平均气温 8.5~23℃，最冷月份平均温度不低于 −10℃，极端最低温度不低于 −30℃，年日照时数为 1 400~2 700 小时，年降雨量为 450~1 900 毫米，无霜期 150 天以上。

梨树对土壤条件要求不严。但以土层厚度不小于 1 米、地下水位在 1.5~2.0 米以下，土壤质地疏松、有机质含量达 1% 以上的中性到微酸性沙壤或轻壤土为好。建园时应考虑灌溉水源，以满足梨树不同生长时期对土壤水分的需求，但要避免使用污水或已被有害物质污染的地表水作灌溉水。由于梨开花较早，选择园地时，应注意避开容易遭受霜害的地方建园。

梨园选址要考虑交通方便，以便生产资料和果品的集散。另外，还要考虑适宜的贮藏保鲜设施的场所和条件，以便于果品的贮藏。

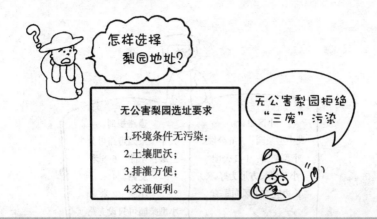

怎样选择
梨园地址？

无公害梨园选址要求

1.环境条件无污染；

2.土壤肥沃；

3.排灌方便；

4.交通便利。

无公害梨园拒绝
"三废"污染

2. 小区设计与道路规划 为了便于作业管理，面积较大的梨园可划分为若干个小区。无论是山地还是平地，要利用林、渠、路把果园各小区明显分开，便于分片管理，同一小区内的土壤质地、地形、小气候基本一致。小区面积可分为3～6公顷。山地地形复杂，变化较大，小区的面积宜小些，1～3公顷即可。小区以长方形为好，可以减少机械作业时的打转次数，提高作业效率。长边与短边按2∶1设计。小区的长边应与主风带垂直，即与主林带平行，山地小区长边与等高线平行，有利于防止雨水对坡地的冲刷。地形条件比较特殊时，小区也可以是正方形、梯形，甚至不规则形状。大、中型梨园的道路，分为干路、支路和小路三级。干路建在大区区界，贯穿全园，外接公路，内联支路，宽6～8米。支路设在小区区界，与干路垂直相通，宽4米左右。小路为小区内管理作业道，一般宽2～3米。平地果园的道路系统，宜与排灌系统、防护林带相结合设置。山地果园的作业路应沿坡修筑，小路可顺坡修筑，多修在分水线上。小型果园可以不设干路与小路，只设支路即可。

3. 灌排设施的修建 排灌水系统包括水源、灌水系统和排水系统。果园的灌溉水源主要来自小型水库、堰塘蓄水和河流引水。利用地下水作为灌溉水源的地区，可通过修建坑井或管井取水。在地面灌溉系统中，从水源开始，通过修建干渠、支渠和毛渠，逐级

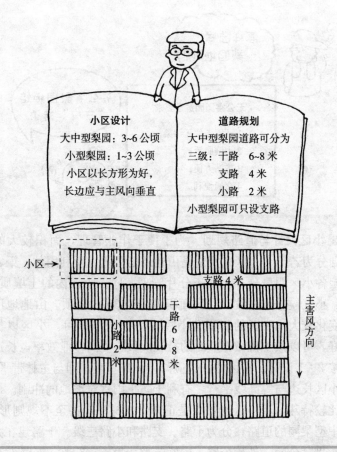

将水引到果树行间及株间。灌水系统一般与道路、防护林配合安排，以提高劳动效率和经济效益。除地面灌溉外，有条件的地区还可采用喷灌、滴灌或渗灌的形式。

4. 防风林的设置 防护林一般包括主林带和副林带。主林带应与当地主风向垂直。主林带间距 400～600 米，植树 5～8 行。风大的地区还应设副林带和折风带，与主林带垂直，带距可达 2 000 米左右，植树 2～3 行。防护林树种因地选用，可采用当地常用、与梨树无共同病虫害的速生乔木，林下可栽植紫穗槐等灌木，但洋槐（梨炭疽病菌丝越冬场所）、桧柏（梨锈病寄主）、榆树（榆尺蠖发病重）、松树和杨树不能栽植。

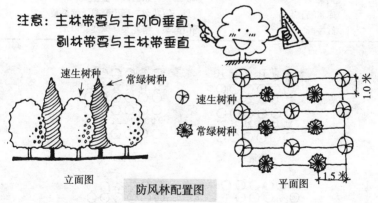

防风林配置图

（二）梨树授粉树的配置

梨绝大多数品种自花授粉不结实，建园时，必须配置适宜的授粉品种。一般要求，授粉品种必须是与主栽品种花期相同，授粉亲和力强，花粉量多且发芽率高，进入结果期较一致，且适应性强、经济价值较高的优良品种。

授粉树与主栽品种的比例一般为 1：4～1：8。如果授粉品种也是主栽品种则可按等量或半量配置。为保证充分授粉，防止花期不一致或大小年的影响，1个主栽品种最好配植2个授粉品种，也可通过高接换种搭配授粉品种。

表 3-3　梨主栽品种和适宜的授粉品种

主栽品种	授粉树品种
翠冠	清香、黄花、黄冠、新雅
西子绿	早酥、杭青、黄冠、中梨1号
黄冠	冀蜜、中梨1号、丰水
圆黄	鲜黄、丰水、黄花、雪青
丰水	黄花、新水、砀山酥梨、黄冠
南果	苹果梨、巴梨、茌梨、鸭梨
新高	鸭梨、京白梨、砀山酥梨、丰水
砀山酥梨	茌梨、鸭梨、马蹄黄、中梨1号、黄冠
雪花梨	鸭梨、早酥、冀蜜、黄冠
鸭梨	砀山酥梨、京白梨、金花梨
库尔勒香梨	鸭梨、雪花梨、砀山酥梨、苹果梨
红香酥	砀山酥梨、雪花梨、鸭梨、丰水

等量式　　　　　　　　倍量式

多量式（对角线式）　　多量式（花式）

○ 为主栽品种　　☆ 为授粉树品种

梨树授粉树配置图

（三）梨树栽植

1. 栽植密度　梨园栽植密度与单位面积产量和成本有直接关系，定植的株行距要根据梨品种长势、树冠大小、树形、栽植方式及立地条件等来决定。幼树可适当密植，提高早期产量。大中冠品种，如秋子梨、秋白梨、鸭梨、茌梨、砀山酥梨等株行距以 3～4 米×5～6 米为宜；矮化密植和小冠品种，如西洋梨和日本梨可用 3 米×4～5 米。山地和瘠薄地可适当密植。

2. 栽植方式　栽植方式本着经济利用土地和光能，以及便于耕作管理为原则，结合当地自然和管理条件确定，如能南北行栽植更能充分利用光能。

（1）长方形栽植　这是梨树栽培中应用最广泛的一种方式，其特点是行距大于株距，通风透光好，便于行间作业和机械化管理。俗话说："宁可行里密，不可密了行"，就是这个道理。长方形栽培的株行距通常为 3～4 米×5～6 米，平原地区梨园广泛采用。

（2）正方形栽植　株距与行距相等。其特点是前期通风透光好，但株间光能和土地利用率低；后期行间易过早郁闭，通风透光不良，机械管理操作很不方便。多用于先密植后间伐或移栽的果园，如早期株行距为 2 米×2 米，经间伐或移栽后，改造成 2 米×4 米、4 米×4 米或 4 米×6 米。

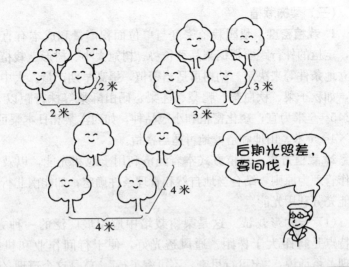

(3) 等高栽植　这种方式适用于山地和坡地梨园，沿等高水平梯田栽植，便于管理和修建水土保持工程。行距随坡度增大而缩小。

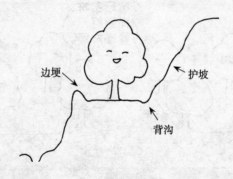

3. 栽植技术

(1) 栽植时期　栽植时期应根据当地的气候特点而定。秋季栽植，有利于土壤与苗木根系充分接触，促进根系伤口愈合和生长新根，春季发芽后开始生长早，缓苗时间短。因此，秋、冬气候温暖，土壤湿润的地区，以秋栽为宜。在冬季严寒、干旱和风大的地区，因秋栽容易受冻或抽条，以早春萌芽前栽植为宜。

（2）挖定植穴（沟） 定植穴的准备，实际上是果园土壤的局部改良。为使穴内土壤能有较长的熟化时间，挖穴时间应在定植前3~5个月完成。春季定植应在前一年秋季挖穴；秋季定植宜在夏季挖穴。栽植穴的大小应根据土壤质地、墒情与土层厚薄而定。下层如有砂浆层或砂石层，定植穴宜挖大一些，并打破不透水层，进行淘石换土，经改良土壤后，再行栽植。沙壤土条件较好，挖定植穴可小些。株距小于2米时，可顺行挖定植沟，沟宽80~100厘米，深80厘米，经施肥后按株距栽植。挖定植穴（沟）时，口径应上下基本一致，将表土、底土分别堆放在穴或沟的两侧。

我国农业行业标准《梨生产技术规程》（NY/T 442—2001）规定：按行株距挖直径和深度为0.8~1.0米的栽植穴（沟），底部填厚30厘米左右的作物秸秆。将挖出的表土与足量的有机肥、磷肥混匀，每株施优质有机肥50~100千克，如猪粪、牛粪等，磷肥1~2千克或饼肥2~3千克和磷酸二铵0.5千克。然后回填至沟中。待填至低于地面20厘米后，灌水浇透，使土沉实，然后覆上一层表土保墒。

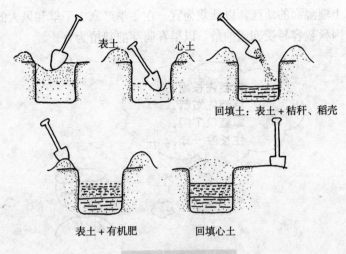

表土　心土

回填土：表土＋秸秆、稻壳

表土＋有机肥　　　　回填心土

定植穴的改土换土

　　南方地区，梅雨季节雨量大而集中，容易造成梨园积水，影响梨树的正常生长，建园时提倡起垄。起垄前先表面施入有机肥，然后将有机肥、表层土和中层土混匀、堆积起垄，垄高在40～50厘米、垄宽为行距减去垄沟的宽度，一般为4米左右，把果树栽植于

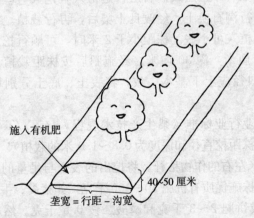

施入有机肥

40~50厘米

垄宽＝行距－沟宽

南方梨园起垄栽培

垄上。起垄后，土壤透气性增加，有利于提高土温，改善根系所处的水、肥、气、热条件，吸收根发生量大；起垄后梨树根系垂直分布浅，水平分布范围大，有利于树体矮化紧凑和早花、早果。

（3）苗木准备　在栽植前进一步进行品种核对和苗木分级，选大小整齐、根系发达、无病虫害的壮苗，剔除劣质苗木。经长途运输的苗木，应立即解包并用清水浸根1昼夜，待充分吸水后再定植。

（4）栽植方法　首先，按照株行距确定栽植穴的位置，挖定植小穴（30厘米×30厘米×20厘米）。然后，将苗木放入穴中央，砧桩背风，摆正扶直，使根系舒展，用手握苗，一边填土，一边慢慢向上提苗，最后填土踏实，并埋成30厘米高的土堆，以稳定苗木；再在梨苗两边1米处修好条畦，立即灌1次透水，待能进地后逐棵检查，将苗扶正，并将地表裂缝填平，覆盖好地膜保墒。

栽植时，力求横竖成行，深度以苗木在苗圃栽植时土印与地面相平为宜。土质黏重时可略浅，风蚀严重地区可略深，但是无论如何，填土均不可超过嫁接口（矮化中间砧苗可将中间砧段埋入土中一半左右）。栽植过深时缓苗期长，且易感染病害，需注意防止。

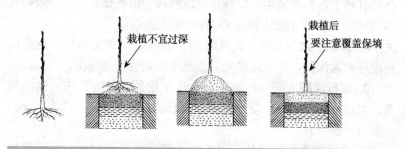

4. 栽植后管理　栽植后按整形要求及时定干。芽萌发前后，随时检查成活情况，未成活的及时补栽。定植当年春、夏季遇到干旱，要经常灌水和松土保墒。幼树旺长期追施1～2次速效性肥料，及时除草和病虫防治。幼龄梨园间作物应距树干1米以上，以保证幼树健壮生长。有越冬伤害的地区，要保护好树干，防止冻害和抽条。

第四章　树下综合管理技术

一、梨树土壤管理技术

土壤管理是提高果实产量和品质的重要技术。我国大部分梨园的土壤有机质含量低，难以满足优质高效生产的要求，应采取深翻改土、树叶深埋还田、生草覆盖等措施，使梨园有机质含量达到3%以上。

（一）土壤深翻技术

深翻可改善土壤的通透性和保水性，有利于根的生长和根系对矿质营养的吸收，促进地上部生长，从而提高梨果产量和品质。深翻时期一般在秋季和春季，以秋季效果最好，此时深翻伤根易愈合，有利于新根的发生。深翻深度应略深于根系分布区，一般40～60厘米。深翻改土的方法主要有：

1. 深翻扩穴　又叫"放树窝子"，即梨树幼树定植后，逐渐向外挖环形沟深翻，扩大定植穴，直至株间完全深翻为止。

2. 隔行深翻　隔一行翻一行，逐年轮翻，每次只伤一侧的根系，对树体影响较小，便于机械化操作。成年树根系已布满全园，以隔行深翻为宜。

3. 全园深翻　将栽植穴以外的土壤一次深翻完毕。全园深翻范围大，只伤一次根，翻后便于平整园地和耕作，但用工量多，适于幼龄梨园。

深翻注意事项：①深翻前要大量收集有机肥，做到抽槽改土与增施有机肥、灌水相结合。②深翻时表土与底土分别堆放，表土回填时应填在根系分布层。③尽量少伤根、断根，特别是1厘米以上的较粗大的根，对根（粗大根）宜剪平断口，回填后要浇水。④山地果园深翻要注意保持水土，沙地果园要注意防风固沙。

抽槽改土与有机肥施用相结合

为提高梨园土壤有机质含量，可以采取猪—沼—果等种养结合等多种模式提高梨园土壤有机质。

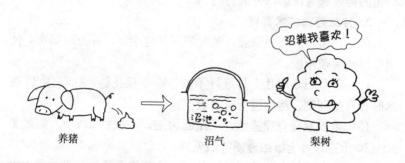

养猪　　　　　　沼气　　　　　　梨树

（二）梨园生草技术

梨园生草可以提高土壤有机质含量，改善土壤结构和理化性状，防止水土流失，降低夏季地温，增加果园蜘蛛、食蚜蝇和瓢虫等天敌数量，从而促进根系的生长与吸收，提高果实产量和品

质。年降水量 500 毫米以上或有灌溉条件的果园均可实行生草
栽培。

生草栽培的好处

☆ 提高土壤有机质含量；
☆ 防止水土流失；
☆ 降低夏季地温；
☆ 增加天敌数量；
☆ 促进根系的生长。

1. 梨园草种的选择　梨园生草的种类主要有豆科植物和禾本
科植物，以三叶草、紫花苜蓿、田菁等豆科植物表现较好。

2. 草种的播种　春季至秋季均可播种，一般春季 3～4 月份和
秋季 9 月份最为适宜，播种量视生草种类而定，如白三叶、紫花苜
蓿等豆科牧草，每 667 米^2 用种量 1～1.5 千克。草种种植于梨树
行间的树冠垂直投影以外的行间。

3. 种草管理技术要点

（1）出苗后应加强管理，及时消灭其他杂草，并及时灌水，使
生草尽快覆盖地面。

（2）种草当年前几个月最好不割，待草根扎稳、株高达 30 厘
米时再开始刈割，然后进行树盘覆盖。

（3）生长期要合理施肥，以氮肥为主，一般每 667 米^2 施氮肥
10～20 千克，可土壤洒施或叶面喷施。

（4）生草开始老化后要及时翻压，注意将表层的有机质翻入土
中，时间以晚秋为宜。

（5）为提高土壤肥力，果园生草最好割倒作为果园有机肥，不
要用作牲畜饲料。

生草也要增施氮肥和
防除杂草哦……

● 豆科草种
● 春秋播种
● 及时割草覆盖

距树干 50 厘米不种草

（三）梨园覆盖

梨园覆盖好处多，可保持土温稳定、土壤疏松通气、减少土壤水分蒸发、有效控制杂草滋生、增加土壤有机质含量和促进土壤微生物活动、提高土壤有效养分含量，为根系生长与吸收创造良好的环境，促进梨树生长和果实发育，提高果实品质和产量。

覆盖时间一般在 5 月上旬、土温升高后进行，用稻草、麦秸、玉米秆、绿肥、杂草等有机物进行覆盖，可树盘覆盖，也可全园覆盖。厚度为 15～20 厘米，覆盖物上压土，以防风刮和火灾。树盘覆盖时，每 667 米^2 覆盖量需 1 000～1 250 千克；全园覆盖时，每 667 米^2 需 2 000～2 500 千克。

树干周围 40～50 厘米范围内不要覆草，以免影响根颈生长和引发病害；同时由于覆盖物的碳氮比较高，微生物分解时要从土壤中吸收大量的氮素，梨园容易出现缺氮现象，需及时补充速效氮肥。一般覆盖前每 667 米^2 比常规多施尿素 15～20 千克；梨园覆盖适合于半湿润、半干旱和干旱地区，透气性差的黏土和排水不良的梨园不宜进行覆盖。进行覆盖的梨园要注意防火灾及鼠害。

覆盖后：

1. 增施氮肥；

2. 压土防风；

3. 注意防火。

（四）梨园间作

　　果园间作的目的是"以园养园、以短养长"。应选择生长期短、植株矮小、根系浅、能改善土壤结构及病虫害较少的经济作物。

　　间作主要在幼树园进行。间作时，留出足够宽的树盘或树带，一年生树在树带以外间作，二年生以上树在树冠投影 0.5 米以外间作。间作物收获后秸秆用于覆盖或深埋作有机肥。间作以豆科植物及蔬菜类为宜，切忌间作高秆作物。

二、梨树施肥技术

（一）梨树需肥规律

梨树对氮、钾需求较多，对磷需求相对较少，约为氮的 1/3～1/2。在梨树年生长周期中，4～5 月对氮的需求量最多，7～8 月对钾的需求量急剧增加，对磷的吸收量全年变化不大。

梨树对氮、磷、钾肥的吸收比例一般为 1：0.5：1，100 千克梨果约需纯氮 0.45 千克、纯磷 0.2 千克、纯钾 0.45 千克，667 米² 产 2 500 千克梨果的梨园约需尿素 25 千克、过磷酸钙 30 千克、氯化钾 18 千克。

（二）营养诊断

梨树营养诊断常见的方法有树相诊断、叶分析、土壤营养诊断等。

1. 树相诊断 根据梨树不同组织出现的症状，如叶片大小和形状、叶片颜色、茎和果实的生长发育状况及其出现这些症状的先后顺序等来判断树体营养状况的方法。

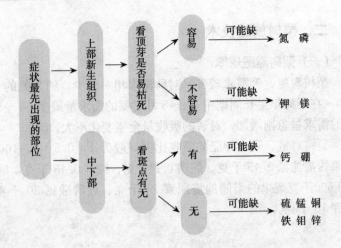

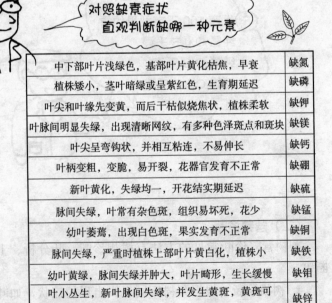

对照缺素症状
直观判断缺哪一种元素

中下部叶片浅绿色，基部叶片黄化枯焦，早衰	缺氮
植株矮小，茎叶暗绿或呈紫红色，生育期延迟	缺磷
叶尖和叶缘先变黄，而后干枯似烧焦状，植株柔软	缺钾
叶脉间明显失绿，出现清晰网纹，有多种色泽斑点和斑块	缺镁
叶尖呈弯钩状，并相互粘连，不易伸长	缺钙
叶柄变粗，变脆，易开裂，花器官发育不正常	缺硼
新叶黄化，失绿均一，开花结实期延迟	缺硫
脉间失绿，叶常有杂色斑，组织易坏死，花少	缺锰
幼叶萎蔫，出现白色斑，果实发育不正常	缺铜
脉间失绿，严重时植株上部叶片黄白化，植株小	缺铁
幼叶黄绿，脉间失绿并肿大，叶片畸形，生长缓慢	缺钼
叶小丛生，新叶脉间失绿，并发生黄斑，黄斑可能出现在主脉两侧	缺锌

2. 叶分析 根据测定叶片中各种矿质营养元素的含量，参照梨树叶片内营养元素的正常含量范围和丰缺指标来判断树体的营养状况。以砂梨为例，叶片矿质营养标准如表 4-1。

表 4-1 砂梨叶片矿质营养适宜标准

矿质元素	氮（%）	磷（%）	钾（%）	钙（%）	镁（%）
适宜标准	2.2~2.8	0.1~0.25	1.3~2.3	1.2~3.0	0.25~0.80

矿质元素	铜 （毫克/千克）	锌 （毫克/千克）	铁 （毫克/千克）	锰 （毫克/千克）	硼 （毫克/千克）
适宜标准	6~20	20~60	70~200	50~300	18~60

3. 土壤营养诊断 测定某一时期土壤中不同形态的矿质元素含量，参照梨树生长对土壤中养分含量的正常范围来判断土壤矿质营养丰缺状况。以砂梨为例，土壤矿质营养标准如表 4-2 所示。

表 4-2 砂梨土壤矿质营养适宜标准

土壤指标	有机质 （克/千克）	全氮 （克/千克）	碱解氮 （毫克/千克）	有效磷 （毫克/千克）	速效钾 （毫克/千克）
适宜值	10~25	0.5~1.3	60~130	10~40	65~200

土壤指标	有效铁 （毫克/千克）	有效锰 （毫克/千克）	有效铜 （毫克/千克）	有效锌 （毫克/千克）	有效硼 （毫克/千克）
适宜值	10~250	7~100	1~4	1~4	0.25~1.0

在营养诊断的基础上，制定合理的施肥方案，并由专家配方生产专用肥料，根据梨园的土壤特点和梨树需肥的特点及其生长发育状况施肥，克服了过去盲目施肥的弊端。

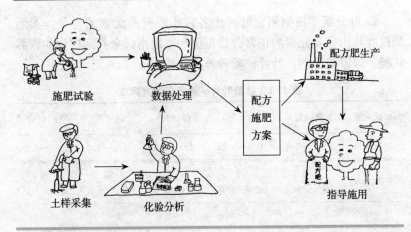

施肥试验　　数据处理　　配方施肥方案　　配方肥生产

土样采集　　化验分析　　指导施用

（三）施肥技术

1. 基肥的施用时期与用量　秋季施有机肥一般宜在果实采收前后进行，此时，根系进入第二次生长高峰，伤根后容易愈合，有利于发新根，提高树体贮藏养分水平，促进花器官的发育。有机肥施入后在土壤中需经较长时间的腐烂分解后才能被梨树吸收利用，因此应提早施入。

有机肥施肥量应占梨树全年需肥量的 60%～70%。通常每生产 100 千克果至少需施有机肥 100 千克，再加 1～2 千克磷肥，于每年 9～10 月施入。

秋施基肥
有利于新根发育和提高树体贮藏营养

斤果斤肥

秋施基肥

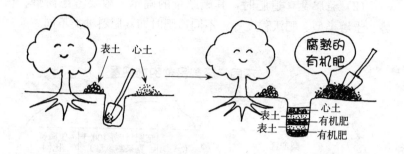

2. 追肥的施用时期与用量

（1）追肥时期 通常包括花前肥、花后肥、果实膨大肥、采果肥。

①萌芽肥 萌芽前施入，以氮肥为主。

②花后肥 开花后坐果和新梢生长期施入，以氮肥为主，配施磷、钾肥。

③壮果肥 新梢停长后，果实迅速膨大，正值花芽分化期，以钾肥为主，配施氮、磷肥。

④采果肥 梨果采收后，为增加叶色，延长叶片寿命，促进光合作用，恢复树势，可少量追施氮肥。

梨树的主要追肥时期

（2）施肥量　追肥时，其施肥量的确定一般要考虑树龄、树势、土壤类型、肥沃程度等。不同追肥时期其肥料种类不同。

不同产区梨品种的施肥量

梨产区	品种	施肥量（每100千克果需氮量）	氮磷钾比例
河北省中南部平原沙地	鸭梨	0.3~0.45千克	2:1:2
山东西北部平原	雪花梨　鸭梨	0.45~0.55千克	2:1:2
辽宁西部坡地棕壤	秋白梨	0.5~0.6千克	2:1:2
吉林延边地区	苹果梨	0.35千克	2:1:1
南方梨产区	砂梨（日本梨）	0.45~0.6千克	2:1:2

①萌芽肥　以氮肥为主，占全年追肥量的10%~20%。树势较弱、花量大的树多施，健壮树可少施或不施。

②花后肥　以氮肥为主，配施磷、钾肥，占全年追肥量的10%~20%。生长健壮的树可以少施或不施。

③壮果肥　以钾肥为主，配施氮、磷肥，约占全年追肥量的40%~60%，可分次施入。

④采果肥　以氮肥为主，约占全年追肥量的20%。

施用化肥时要注意，过量的施用化肥不仅会影响果实品质的提高，而且还会导致产量的下降。

3. 施肥方法　施肥方法主要有环状沟施、放射状沟施、条状沟施、全园撒施、穴施、穴贮肥水、叶面喷肥等。

放射状沟施、条状沟施、全园撒施主要用于成龄树施用基肥。条状沟施也用于夏、秋季压绿肥。全园撒施一般用于施用不易挥发、易被土壤固定的肥料（如尿素等）。环状沟施主要用于幼树施

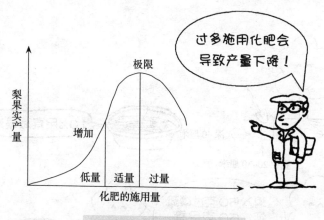

化肥施用量与梨产量的关系

基肥。穴施法常用于易挥发（如碳酸氢铵）或易被土壤吸附、固定（如磷、钾肥）肥料的施用。

条状沟施　　环状施肥　　放射状沟施　　穴施

梨园施肥方法

穴贮肥水是解决山区、干旱地区梨园缺水缺肥的有效施肥方法。在树冠垂直投影（或滴水线）稍里处，每株挖 4～8 个穴，将作物秸秆或杂草按穴深和直径捆成草把，放在 10％的尿素液或鲜尿中浸泡 1 天半，垂直放入穴内，用薄膜覆盖整个树盘，穴口比树盘低 1～2 厘米。需追肥时，把化肥溶于水中后再浇施。浇后用土块压孔，防止风吹破薄膜。

叶面喷肥具有用量少、肥效快的特点，喷后 24 小时，梨叶片可吸收 80％，能满足梨树缺肥时的急需，特别适合微量元素的追施。

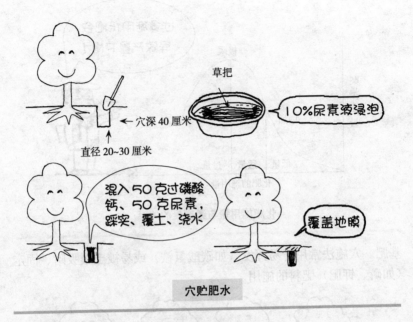

草把

10%尿素液浸泡

穴深40厘米

直径20~30厘米

混入50克过磷酸钙、50克尿素，踩实、覆土、浇水

覆盖地膜

穴贮肥水

(四) 不同树龄梨树的施肥技术

幼树根系不发达，施肥时要勤施薄施，3～7月最好每月施1次肥，栽后第一年每次株施尿素 25～50 克＋10％稀粪水 5～10 千克，第二、第三年每次株施氮、磷、钾三元复合肥 100～150 克，4～5 年生树每次株施氮、磷、钾三元复合肥 200～300克，同时，应结合病虫防治，每 15 天左右对树冠喷 1 次 0.3％尿素＋0.2％磷酸二氢钾。9～10 月要结合扩穴改土施足基肥，一般株施入畜禽粪或堆肥等腐熟有机肥 25～50 千克、钙镁磷肥 0.25～0.5 千克，以促进生长，加快成形，提早进入结果期。

成年结果树每年提倡施 3～4 次肥，重点要施好基肥和壮果肥。有机肥的施肥量要做到"斤果斤肥"，时间在 9～10 月份，以提高土壤有机质含量。有机肥以家畜粪便、夏季堆肥及饼肥等为主。

幼树：深翻扩穴
薄施勤施

成年树：重施有机肥，施好萌芽肥、
花后肥、壮果肥、采果肥

基肥的施用

（五）梨树根外追肥

我国梨树栽培范围广，果园的立地条件差异也较大。有的梨园土壤贫瘠，或偏酸偏碱，或积水干旱，容易出现缺素一些症状（参见营养诊断部分）。

梨树根外追肥又叫叶面喷肥，对微量元素肥料或易被土壤固定的肥料效果好，而且还可以与农药的喷雾相结合，见效快，施用方便。根外追肥可提高坐果率、促进幼果发育与新梢生长，提高果实品质等，并能够在一定程度上对缺素症进行矫治。不同时期根外追肥种类、喷洒浓度和次数、叶面肥与农药的混用见表4-3和表4-4。

表4-3　梨树根外追肥的目的与方法

追肥目的	追肥时期	元素种类	肥料名称	喷洒浓度	喷洒次数
提高坐果率	花前或花期	硼	硼砂	0.2%	1
			硼酸	0.3%	1
	花前或花后	氮	尿素	0.3%	1
促进幼果与新梢生长	花后30天内	氮	尿素	0.3%	1
促进果实膨大、提高果实品质	采果前60天内	氮、磷磷、钾磷钾	磷酸铵	0.5%	3～4
			磷酸二氢钾	0.3%	3～4
			过磷酸钙	1%～3%	1～2
			硫酸钾、氯化钾	0.3%～0.5%	1～2

（续）

追肥目的	追肥时期	元素种类	肥料名称	喷洒浓度	喷洒次数
增加贮藏性	采前60天 采前30天	钙	硝酸钙 氯化钙	0.3% 0.3%	2 2
提高树体 营养水平	采果后	氮	尿素	1%	1~2
缺素症矫治	5~6月	铁	黄腐酸铁 尿素铁	0.3% 0.3%~0.5%	3
缺素症矫治	花后3周	锌	硫酸锌	0.2%	1~2

表4-4　叶面喷肥与农药的混用原则

肥料 农药	酸　性	碱　性	中　性
酸　性	√	×	√
碱　性	×	√	√
中　性	√	√	√

注：√可以混用；×不能混用

　　必须指出的是，生产上不能对叶面喷肥过分依赖。补充梨树养分的主要来源还在于根系吸收，根外追肥的量少、持效性短，是土壤施肥方式的补充，属应急性的补救措施。提高梨树树体营养水平最根本的措施还在于通过有机肥的施用改良土壤。这是因为有机肥不仅养分含量全，是"全素肥料"，而且能够改良土壤结构、促进根系对养分的吸收。

根外追肥见效快，但不要太依赖哦！

（六）肥料施用的安全问题

众所周知，多施有机肥是提高梨品质的重要措施。但我国梨产区的有机肥投入量不足，对化学肥料过分依赖的现象较为普遍，这不仅造成果实品质下降，而且还造成土壤结构破坏（板结、酸化等）。化学肥料的流失还使周边水体中氮、磷含量增加，呈富营养化趋势，给农业环境带来诸多不利影响。

滥施化肥的害处

我国有机肥来源十分广泛，如植物秸秆、畜禽粪便等，但值得注意的是，污泥、城镇垃圾和工业垃圾中含重金属、农药、抗生素、多氯联苯等有机污染物，这些有毒有害物质施入土壤后被梨树吸收而污染果品。另外，新鲜和未腐熟有机肥料的施用会显著增强土壤的反硝化程度，增加氧化亚氮的排放量。因此，梨园不要施用污泥、城镇垃圾和工业垃圾等没有经过无害化处理的肥料，未腐熟的有机肥也不能施用。

三、水分调控技术

（一）梨树对水分的需求

梨树是需水量较大的树种，通常每生产2 000千克梨果需吸水400～500吨。梨叶片含水量为70%，枝条和根系为50%～70%，幼芽为60%～80%，果实为80%～90%。梨树生产的最适年降雨量为600～800毫米，我国北方梨产区的年降雨量多为300～500毫米，南方梨产区的年降雨量多位1 000毫米以上。因此，北方梨产区主栽品种以抗旱性较强的秋子梨、白梨和西洋梨系统的品种为主；南方梨产区以耐湿性较强的砂梨系统品种为主。

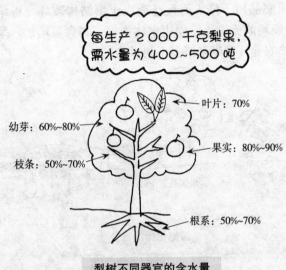

梨树不同器官的含水量

（二）梨树灌水时期与灌溉指标的判断

1. 灌水时期

（1）花前水　又称催芽水。在梨树发芽前后到开花前期，若土壤中有充足的水分，可促进新梢的生长，增大叶片面积，为丰产打下基础。一般可在萌芽前后进行灌水，若提前早灌效果则更好。

（2）花后水　又称催梢水。梨树新梢生长和幼果膨大期是梨树的需水临界期，此期果树的生理机能最旺盛，若土壤水分不足，会致使幼果皱缩和脱落，并影响根的吸收功能，减缓梨树生长，明显降低产量。因此，这一时期若遇干旱，应及时进行灌溉，一般可在落花后15天至生理落果前进行灌水。

（3）果实膨大期灌水　又称成花保果水。对梨等落叶果树来说，此时正是果实迅速膨大及花芽大量分化期，应及时灌水。

（4）采后及封冻前灌水　此次灌水可促进树势恢复，提高抗寒能力，一般在土壤结冻前进行，有利于肥料的分解利用、梨花芽发育及第二年春天生长。

对于生草果园，除上述灌水时期外，每次刈割后，为促进再生，应及时灌水，特别是豆科牧草对灌溉的反应比禾本科牧草敏感，要加强灌水。

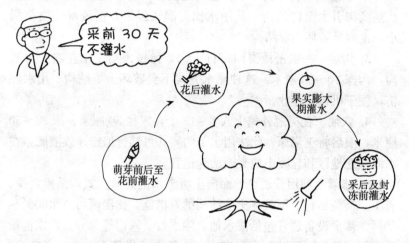

2. 灌水适期的判断 可根据经验法判断。壤土和沙壤土用手紧握可成团、松手后土团不易碎裂，说明在最大持水量的 50% 以上，不必灌水；如松手后即散开，证明土壤湿度太低应灌水。黏土手捏成团，但轻轻挤压即发生裂缝，证明含水量太少，需灌水。也可用土壤水分张力计来进行测定。

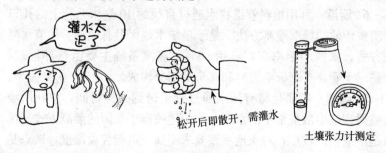

松开后即散开，需灌水

土壤张力计测定

（三）灌溉方法

1. 漫灌 在水源丰富的平地梨园漫灌经济省工，但易使土壤板结、地下水位升高，也易使土壤中的各种矿质营养渗漏流失。在目前水资源紧缺的条件下，此法较少采用。

2. 盘灌 以树干为中心，在树冠投影外缘修筑土埂围成圆盘，从灌溉沟引水至树盘内。其用水比漫灌法经济，但浸湿土壤范围小，也容易破坏土壤结构。

3. 沟灌 一般密植梨园每行 1 沟，稀植园则 1 米左右开 1 条沟，沟深 20～25 厘米。这种灌水方式不会破坏土壤结构，用水经济，便于机械化作业。

4. 穴灌 在树冠外挖土穴 8～12 个，穴径 30 厘米、深 20～30 厘米，灌后将土复原。此法用水节约，并可结合追施速效液肥，在水源缺乏地区和丘陵山地梨园最为适宜。

5. 渗灌 利用管道自地面向土壤渗水的灌溉方式，是投资少、省工、简便易行、不破坏土壤结构的好措施，比漫灌可节水60%～80%。渗灌设备通常包括渗水池、渗水管、阀门等部分。渗水池设置在果园地头，用砖和水泥砌成。一般水池半径 1.5 米，高 2 米，容水量 13 吨左右。总管装在距池底 10 厘米处，其上安装阀门，每个渗水管上须安装过滤网，以防管道堵塞。渗水管选用直径 2 厘米的塑料管，每间隔 40～70 厘米在两侧和上方打 3 个针头大小的小孔作为渗水孔，将渗水管沿树行铺设在果树两侧各 1～1.5 米外，铺设深度 20～40 厘米，一般每 667 米^2 每次灌水量 1～1.5 吨。

6. 滴灌 利用塑料管道将水通过直径约 10 毫米毛管上的孔口或滴头传输的局部灌溉方法，是干旱缺水地区最有效的一种节水灌溉方式，水的利用率高，可达 95%。滴灌系统主要由首部枢纽、管路（干管、支管、毛管）和滴头等部分构成。

7. 喷灌 喷灌是将有压水通过管道送到梨树行间，并利用喷头喷射到空中散成细小的水滴，均匀地喷布于果园的灌溉方式。优点是适应范围较广，对土地平整要求不高，可调控温湿度，缺点是易造成果园湿度过大。

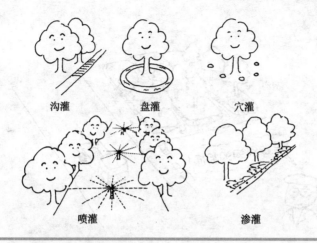

沟灌　　　　　盘灌　　　　　穴灌

喷灌　　　　　　　　　　渗灌

（四）梨园排水

梨树虽然较耐涝，但在长期积水条件下，也会严重影响梨树生长。特别是我国南方地区，梅雨季节雨量大而集中，容易造成梨园积水，应特别注意果园的排水；同时由于土壤湿度过大，也不利于根系生长。因此，提倡起垄栽培。

建园时应建立良好的排水系统。排水系统一般由排水干沟、排水支沟和排水沟组成。各级排水沟相互联通。排水沟可结合灌溉水渠和道路的规划，合理安排设置。

涝害

叶片早落

地下水

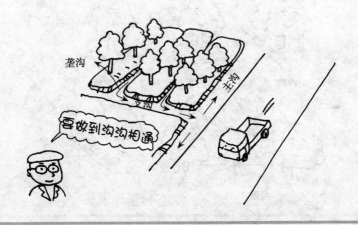

垄沟

支沟

主沟

要做到沟沟相通

第五章 整形修剪及树体 改良技术

整形修剪可以使梨树骨架牢固，枝条主从分明、分布合理，树冠通风透光良好，营养生长与生殖生长关系平衡，达到早果、丰产、稳产、优质的目的。

一、梨优质丰产树形及其培养技术

（一）梨常用的树形

目前梨树树形大多采用小冠疏层形、倒伞形、自由纺锤形、Y字形、开心形等。

1. 小冠疏层形 由早期的疏散分层形演化而来，株距 3～3.5 米，行距 4～5 米，每 667 米^2 栽 56～38 株。小冠疏层形干高 40～60 厘米，主枝 5～6 个，分 2～3 层。第一层，主枝 3 个，层内距 20～30 厘米，主枝开角 70°～80°，方位角 120°；第二层与第一层的层间距 80～100 厘米，第二层主枝两个，层内距 20 厘米左右，方向位于第一层主枝的空当，开张角度 70°左右，第三层与第二层的层间距 50～60 厘米，主枝 1 个，进入盛果期后第三层可去掉，变为两层主枝的延迟开心形。第一层主枝有侧枝 2 个，第二层主枝不配备侧枝，直接着生结果枝组。树形完成后，全树高 3 米左右，冠径 3～3.5 米。该树形多用于中密度梨园，整形容易，管理方便。

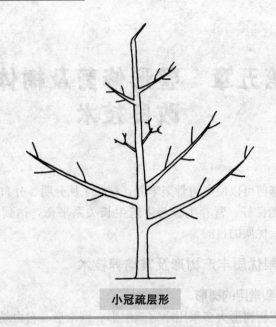

小冠疏层形

2. 倒伞形 树高 2.5～3 米，主干高 0.5～0.7 米，仅保留第一层主枝 3～4 个，整形过程与小冠疏层形相似，但主干略高于疏散分层形，不配备第二层主枝，第一层主枝以上的中心干均匀配备大、中、小型枝组，但以中、小型枝组为主，严格控制大型枝组的数量。成形的树冠冬季修剪后看起来像一把倒立的伞，因此称为倒伞形。该树形光照条件好，上部枝条对下部影响小。整形时对于中心干上的枝条，除三大主枝延长枝短截促发分枝外，中心干上的其余枝条均作辅养枝进行拉枝、缓放成花，结果后改造成中、小型枝组。

3. 自由纺锤形 自由纺锤形的特点是结构紧凑、成形容易、早果丰产、通风透光良好、管理方便，适宜密植。一般株行距 2.5～3 米×3～4 米，每 667 米² 栽植 55～90 株。主干高 50～60 厘米，树高 3 米左右，冠径 2～2.5 米，中心干直立强壮，错落着生 8～12 个小主枝，分枝角度 70°～80°，主枝的粗度不应超过中心干的 1/2，以防与中心干竞争。中心干每隔 20～25 厘米留一个主枝，

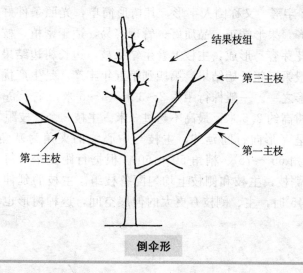

结果枝组

第三主枝

第二主枝

第一主枝

倒伞形

无明显层次，在中心干上向四方均匀分布即可。主枝上不配备侧枝，中、小结果枝组直接着生在主枝上，无明显层次，下层主枝长约1.2~1.5米，往上依次递减，外观呈纺锤状。

主枝上不配备侧枝，直接着生中、小结果枝组

主枝的粗度不超过中心干的1/2

纺锤形

4. Y字形　又称倒人字形，其树形简单，光照条件好，结果均匀整齐，果形端正，品质好；管理容易，适于密植；枝叶生长缓和，花芽容易形成，主枝上着生结果枝，边长树边结果，结果早，一般第三年开始结果，第四到第五年丰产，是生产优质高档梨的树形之一。一般株行距为 2～3 米×4～5 米，主干高 50～60厘米，树高约 2.5 米，最高不超过 3 米。主枝 2 个，枝距 15～20厘米，呈 Y 形向行间延伸，主枝与中心线的夹角为基角 55°～65°、腰角 65°～75°、梢角 50°～60°。根据行距宽窄，每主枝配2～3 个侧枝，主枝和侧枝上均匀配备枝组。主枝的延伸方向与行向呈 45°时，主、侧枝有更大的伸展空间，这种树形也称斜式Y 字形。

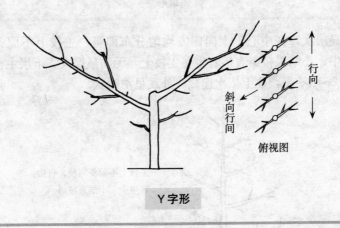

Y字形

5. 开心形　与倒人字形相似，但多一个主枝；也类似于改造后没有中心干、只有第一层主枝的小冠疏层形。定植株行距稍宽，3～4 米×4～5 米；主干高 60～70 厘米，没有中心干，主枝与主干夹角 45°，三大主枝呈 120°方位角，三主枝保持 15～20 厘米的间距，各主枝配置 2～3 个侧枝，主枝和侧枝上均匀配置枝组。该树形树势均衡，通风良好，但要防止主枝角度过大和控制基部徒长枝。

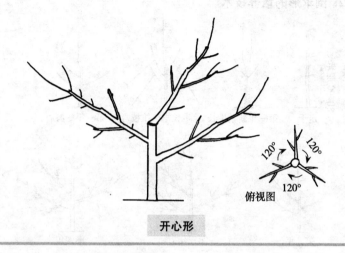

开心形

（二）主要树形的培养技术

1. 小冠疏层形的培养技术

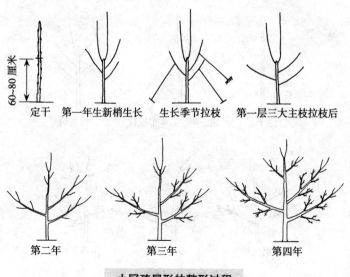

60~80 厘米

定干　第一年生新梢生长　生长季节拉枝　第一层三大主枝拉枝后

第二年　第三年　第四年

小冠疏层形的整形过程

2. 倒伞形的培养技术

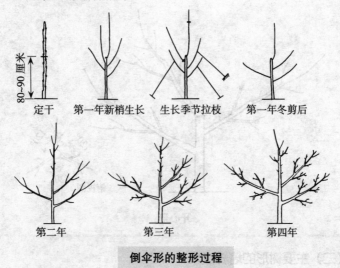

80~90 厘米 定干　第一年新梢生长　生长季节拉枝　第一年冬剪后

第二年　第三年　第四年

倒伞形的整形过程

3. 自由纺锤形的培养技术

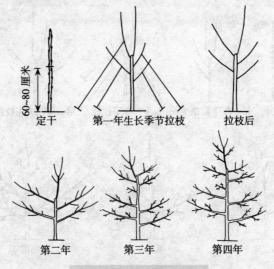

60~80 厘米 定干　第一年生长季节拉枝　拉枝后

第二年　第三年　第四年

自由纺锤形的整形过程

4. Y 字形的培养技术

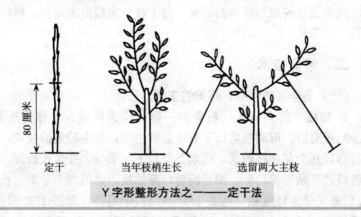

定干　　　　　当年枝梢生长　　　　选留两大主枝

Y 字形整形方法之一——定干法

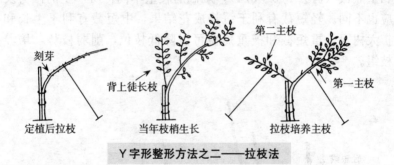

刻芽　　　　　背上徒长枝　　　第二主枝

定植后拉枝　　当年枝梢生长　　拉枝培养主枝　第一主枝

Y 字形整形方法之二——拉枝法

5. 开心形的培养技术

参照 Y 字形中的定干法整形，也可先按小冠疏层形保留中心干整形，待结果后逐年压缩中心干直至最后疏除改造成开心形。

（三）梨树形的发展趋势

过去，我国梨树多采用树冠高大的树形，如疏散分层形，虽然产量较高，但树体高大，疏果、修剪、喷药及采收等操作管理十分不便。随着我国经济的快速发展和人们消费水平的不断提高，市场对梨品质的要求也越来越高；而另一方面，我国农村劳动人口的老龄化，劳动力价格也不断提高，梨树树形的发展也必须与之相适应。为此，我国梨树形必须围绕高光效、高品质、轻劳化（省工、省力、操作简便）这三个要求进行：树体高度由高到矮，改多层为两层或单层；树冠形状由圆到扁，骨干枝分级数由多到少，树形结构进一步简化。

二、修剪技术

（一）冬季（休眠期）修剪的主要方法

1. 短截　剪去一年生枝条的一部分称为短截，又称为短剪。枝条经短剪后，可刺激剪口下数个芽的生长，抽生较多的枝条，一般近剪口几个芽抽枝较长，特别是剪口下的第一个芽生长最强，但如剪口过于贴近剪口芽，则影响剪口芽抽枝，而第二个芽则生长旺盛。短截又分为轻短截（剪去 1/4～1/3）、中短截（剪去 1/3～1/2）和重短截（剪去 2/3～3/4），短截的轻重不同，所产生的修剪反应也不同。轻短截有利于缓势成花结果，中短截有利于生长和扩大树冠，重短截和极重短截可以降低枝位，削弱枝势，培养枝组。

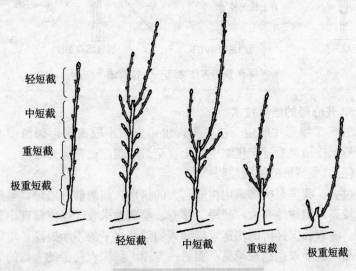

短截程度与枝条生长反应

2. 疏枝 将枝条从基部剪除称为疏枝，又称为疏剪。疏枝可改善树体的通风透光条件，降低养分消耗，促进花芽形成，增强伤口下部枝条的生长能力。伤口越大、越多，这种削弱和增强的作用越明显。疏枝主要疏除干枯枝、病虫枝、过密枝、下垂枝、无用徒长枝、竞争枝等。

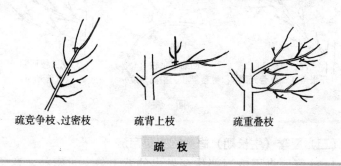

疏竞争枝、过密枝　　疏背上枝　　疏重叠枝

疏 枝

3. 缓放 也叫长放、甩放，即对枝条不进行剪截。长放可缓和枝条的生长势，经长放的枝条，容易成花结果。长势过旺的树，可连续长放，但第一年长放结果后，第二年应进行回缩修剪。

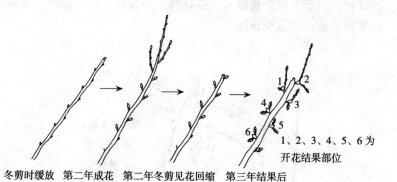

1、2、3、4、5、6为开花结果部位

冬剪时缓放　第二年成花　第二年冬剪见花回缩　第三年结果后

缓 放

4. 回缩 在多年生枝上一个侧生枝分叉处进行短截称为回缩，又叫缩剪。缩剪多用于抬枝、压枝、转主换头、缩小树冠、控制辅

养枝、处理交叉重叠大枝，以达到回缩更新、调节（分枝）角度、改善光照、抑前促后、控上促下的效果。

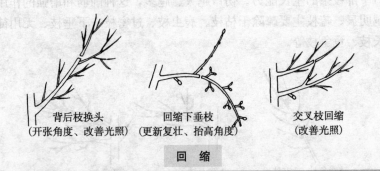

背后枝换头
（开张角度、改善光照）　　回缩下垂枝
（更新复壮、抬高角度）　　交叉枝回缩
（改善光照）

回　缩

（二）夏季（生长期）修剪的主要方法

1. 抹芽　将不恰当部位芽发出的背上枝、过密枝、竞争枝、剪口枝等在萌芽后或嫩梢期抹除叫抹芽，或称为除萌。抹芽可选优去劣，节省养分，改善光照，并避免冬剪造成较大伤口，所以，抹芽除梢可起到事半功倍的效果。尤其是选用 Y 字形和开心形树形的幼树，由于主枝开角较大，主枝背上易发枝，且生长快，容易造成树冠荫蔽，应及时抹除。

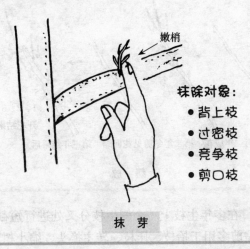

嫩梢

抹除对象：
● 背上枝
● 过密枝
● 竞争枝
● 剪口枝

抹　芽

2. 摘心 将新梢顶端的幼嫩部分（生长点）摘除叫摘心。用手不易摘掉时，用枝剪剪去木质化的嫩枝部位叫剪梢。摘心可以促进侧芽发育，刺激萌发二次梢，有利于幼树增加分枝，对整形有利；能够使结果枝组分枝紧凑并且能靠近大枝。但是，摘心也有不利的一面，摘心后产生大量新梢会加重梨木虱、蚜虫等虫害的发生；摘心虽然有利于下部叶片生长充实，但由于二次梢的生长也会消耗大量树体养分，而且反复摘心费工、费时，所以有人主张成年梨园以少摘心和不摘心为宜。

幼树整形中摘心时可适当重一点，必要时可以摘除上部 10～15 厘米嫩梢，这样下部已基本充实的芽可以更快萌发，为新梢生长争取了更多的时间。

摘 心

3. 刻伤 春季萌芽前，在抽生新梢芽的上方，用刀刻断枝条的皮层，从而刺激芽萌发抽枝的方法叫刻伤，又称为目伤。

刻伤及其反应

4. 开展角度

（1）**拉枝与撑枝** 在春季或夏季枝条柔软时，对较直立的枝条用绳拉或树枝及木棒撑开，以开张角度，调整生长方位的技术。拉枝可削弱顶端优势，缓和生长势，促进侧芽发育，有利于提早成花、结果和快速整形。在梨树上应用时，要注意防止劈裂，特别是对基角尖狭的大枝，更易劈裂，要分几次拉开，拉枝前可于分叉处打一个"8"字结。

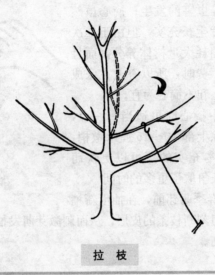

拉 枝

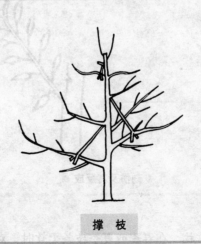

撑 枝

（2）坠枝与撑枝　在生长季节，对于树冠中、上部需开张角度的枝条，可用砖块坠枝，也可用牙签撑枝。

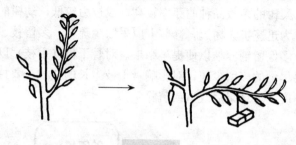

坠　枝

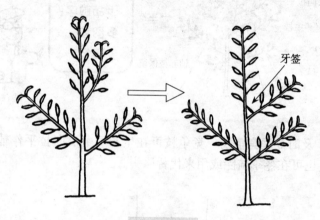

牙签撑枝

三、不同树龄期的修剪技术（以小冠疏层形为例）

（一）幼年树的修剪

定植后 1～3 年为梨幼树整形期，修剪的主要任务是根据所选用树形选择和培养骨干枝，促进营养生长，使幼龄梨树迅速扩大树冠，同时，利用辅养枝培养结果枝，使树体提早结果。

1. 坚持多拉枝、多留枝的"轻剪"原则　梨树要丰产，分枝角度是关键。幼年期是整形的关键时期，此期如果不拉开角度，进入结果期枝条变硬后主枝分枝角度打不开，对丰产树树冠的形成影响很大。梨树的多数品种萌芽率较高，成枝力较低，幼树的枝量普遍偏少。为迅速扩大树冠，修剪上应采取少疏枝、多留枝、轻短截等措施，多保留辅养枝以便提早结果。对骨干枝（主枝）以外的枝条，也要尽量的多留少疏，对影响骨干枝生长的旺枝，要拉枝压低其分枝角度，待结果后改造或疏除。

幼年树：
多用绳子，
少动剪子；
多留枝，
少疏枝。

2. 及时处理竞争枝　竞争枝可在生长季节反向拉平作辅养枝处理，也可在冬季疏除或用来代替原头。

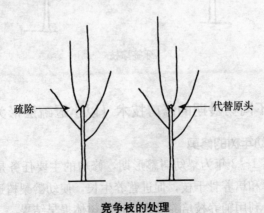

竞争枝的处理

3. 主、侧枝延长枝的修剪　幼年树的延长枝要进行短截，以促发健壮分枝。短截要选择生长充实的部位。注意剪口芽的方向，延长枝角度较开张时一般选留外芽，角度小时可留里芽进行里芽外蹬。里芽外蹬一般用来改变骨干枝的延长枝方向，适合于盛果期的梨树，而对幼年树而言，主枝基角的开张不适宜用里芽外蹬来实现，而且里芽外蹬剪法会加大修剪量，这对梨树早果是不利的。

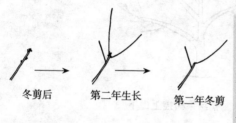

冬剪后　　　　第二年生长　　　　第二年冬剪

小知识

修剪时留里芽作剪口芽，第二、三芽作外芽；翌年修剪时，剪除由里芽萌生的直立枝，以第二枝或第三枝作延长枝，这种剪法叫里芽外蹬。

里芽外蹬

（二）初结果树的修剪

梨树定植后第三四年逐渐进入结果期。此期的主要任务是继续培养丰满、稳固的树冠骨架，同时培养结果枝组，提高早期产量，尽快进入盛果期，为高产、优质打下良好的基础。至此期结束，应培养出主从分明、布局合理的理想树形。

1. 继续培养骨架　为控制上强下弱和外强内弱，要注意及时转主换头、弯曲延伸，做到树势均衡。对于"上强下弱"及"偏冠"等不良树形，可采用"控上促下"、"抑强扶弱"等技术手段加以纠正。要及时处理和利用竞争枝，注意背上枝的利用与控制，对徒长枝应及早抹芽或拉枝变向，以免出现"树上树"现象。

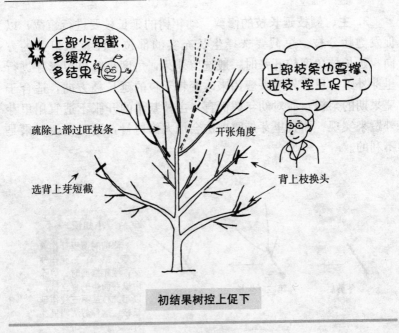

初结果树控上促下

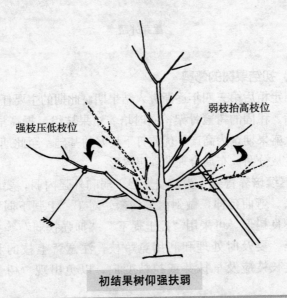

初结果树仰强扶弱

2. 培养结果枝组　要多利用辅养枝培养结果枝组。枝组尚有发展空间的主枝或侧枝，适当短截，促发分枝，同时以"先放后缩"等方法继续培养结果枝组。与主、侧枝等发生竞争、重叠的辅养枝视情况及早疏除。结果枝组的培养方法如下图。

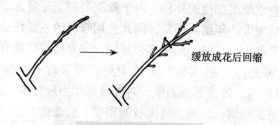

缓放成花后回缩

小型结果枝组的培养

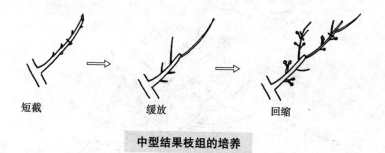

短截　　缓放　　回缩

中型结果枝组的培养

短截　　短截　　短截 ⟹ 缓放 ⟹ 回缩

大型结果枝组的培养（连截法）

（三）盛果期树的修剪

一般梨树定植后 6～8 年进入盛果期，这一时期的梨树长势趋于缓和，树体结构已基本稳定，产量显著提高。随着枝量增大，易出现树冠郁闭、大枝过多、树体结构混乱，进而使内膛小枝衰弱甚至枯死，造成结果部位的外移。由于此期梨树花芽量大，极易因过量结果而出现大小年结果现象。因此此期修剪的主要任务是维持健壮树势，平衡生长结果，延长盛果年限。主要技术措施有：

1. 打通光路 进入盛果期的梨树，要及时"落头"开"天窗"，控制树高，改善下部光照。对外围多年生枝过多、过密的树，可适当疏剪或回缩，以减少外围枝的密度。但疏除大枝时，应分年进行，以防"返旺"。

要打开上部和两侧光路。

落头开心

层间透光

层间透光

盛果期打开光路

2. 均衡树势 对过多、过密的层间辅养枝，可分批疏除，或缩剪改造为结果枝组。对长势中庸的树，可通过枝组的轮流更新和外围枝短截，维持中庸树势；对长势趋弱的树，可以通过对骨干延长枝稍重短截、对延伸过长的枝组进行回缩等措施，进行复壮；对角度开张过大的骨干枝，可在二三年生部位回缩或利用背上枝，更新换头。

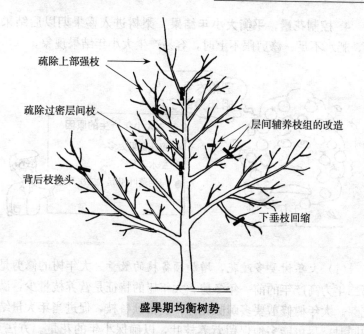

疏除上部强枝

疏除过密层间枝

层间辅养枝组的改造

背后枝换头

下垂枝回缩

盛果期均衡树势

3. 枝组更新 结果枝组更新修剪可采用"三套枝"修剪，短截一批，缓放一批，回缩一批。对枝轴延伸过长、后部分枝过弱、结果部位外移的枝组，回缩至强枝处；对冠内发生的徒长枝，如着生位置适当，可用于培养结果枝组，以防冠内光秃。对短果枝群应去弱留强，并遵循"逢二去一"的原则，下垂枝要上芽带头及时回缩复壮。

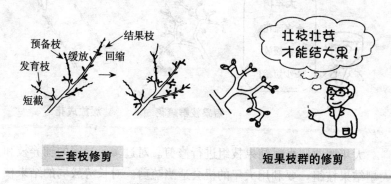

预备枝　结果枝
发育枝　缓放　回缩
短截

壮枝壮芽才能结大果！

三套枝修剪　　**短果枝群的修剪**

4. 控制花量，平衡大小年结果 梨树进入盛果期以后结果过多、肥水不足、修剪跟不上时，容易产生大小年结果现象。

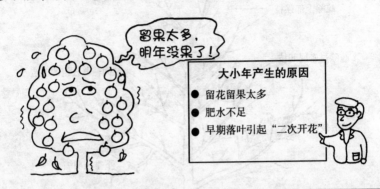

（1）**大年树要多疏花，增加预备枝的数量** 大年树的修剪是指第二年为高产年的前一年冬剪。大年树的特征是营养枝量少，满树花芽。大年树修剪要多疏除花芽，多留预备枝，促进当年大量结果的同时，尽可能多地保留营养枝叶，以确保小年的花量。方法是：多疏除短果枝群上的过多花芽，并适当回缩花芽量过多的结果枝组；对有顶花芽的中、长果枝，多破花芽，"以花换花"，增加第二年结果的花芽量；对营养枝拉枝缓放不动剪，促其形成串花枝，以增加小年花量。

大年树要认真对结果枝组进行修剪。对过多、过密的辅养枝和大型结果枝组，要利用大年的机会适当疏剪。对长势较弱的结果枝

组，可回缩到后部花芽处或疏除，以减少花量。

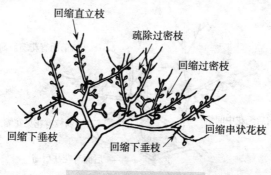

回缩直立枝
疏除过密枝
回缩过密枝
回缩串状花枝
回缩下垂枝
回缩下垂枝

大年树结果枝组的修剪

（2）小年树要多留花芽，减少预备枝的数量　小年树的修剪是指第二年为低产年的前一年冬剪。小年树的特征是营养枝多，花芽量少。小年树要尽可能多留花芽。除保留顶花芽外，还要充分利用腋花芽，以增加结果量。对于生长健壮的一年生营养枝可多短截，保留1～2个饱满芽重短截，促生新枝，加强营养生长，避免缓放成花，以减少第二年大年的花芽量，起到平衡大小年的作用。

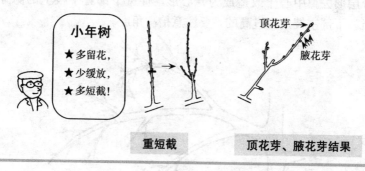

小年树
★多留花，
★少缓放，
★多短截！

顶花芽
腋花芽

重短截　　　**顶花芽、腋花芽结果**

小年树结果枝组的修剪方法：对后部有花、前部无花的结果枝组，可在有花的分枝处进行回缩修剪；对前后部均无花芽的结果枝组，可在有分枝处回缩，少缓放，以减少翌年的花芽；对于小年树的重叠枝、交叉枝和过密枝组，如果花芽少可进行轻剪，如果花芽多又遮光不严重，可暂不处理，待结果后再处理。

前面有花缩前面

前后无花中间缩

弱枝有花见花缩

后面有花往后缩

小年树结果枝组的修剪

（四）衰老期树的修剪

梨树进入衰老期以后，树势逐渐减弱，生长量逐年减小，多有上强下弱、内膛光秃、大小年严重、果实品质下降等问题。这一时期修剪的主要任务是：增强树势、更新复壮骨干枝和结果枝组。

1. 分年度骨干枝更新或一次性更新　进一步压低树高。疏散分层形去掉中心干改造成为开心形，促进下部骨干枝上的隐芽更新。下部主枝角度过高的，要注意抬高角度。

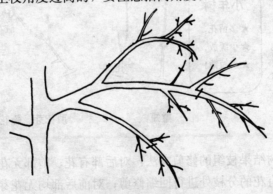

衰老期梨树抬高骨干枝角度

2. 培养内膛新生枝组　对上年内膛抽生的新梢，如果有合理的生长空间就可以培养为结果枝组，可以采用"先截后放再缩"或"连截"的方法将其培养成健壮的大中型枝组，以后不断进行枝组的更新复壮。

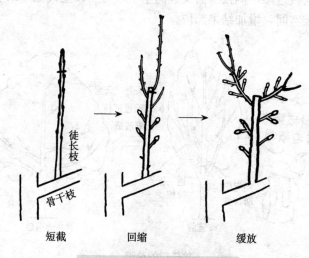

短截　　　　回缩　　　　缓放

衰老期树背上徒长枝的利用

四、几种不规则树形的改造技术

（一）多年放任树的改造技术

多年放任树的特征是主干过高，主枝多、侧枝少，分枝角度小，直立抱合，通风透光不良，树冠郁闭，内膛空虚，下部光秃，结果部位外移，产量低而不稳，大小年突出。改造方法：

1. 开展角度，扩开树冠　采用用撑、拉、坠和背后枝换头等方法开张，过于直立的大枝拉枝困难，可采用"连三锯"的方法进行。梨树枝条硬脆，基角小时开张角度要先在基部绑好"保护绳"，避免造成撑、拉劈裂。

2. 落头开心，控制树高　在适宜高度处选留一个迎风粗枝，落头开心；并对上、中、下各部密集的枝条，进行适量的疏除和回缩，打开"窗户"，改善下部光照。

3. 改造大枝，培养枝组　选留好永久性的骨干枝，其余的分别逐年锯除或回缩改造成侧枝和枝组，不要一次性疏枝过多。由于放任树大枝过多，侧枝少而又远离主干，可"以主代侧"来填补主枝、侧枝空间，增加结果部位。

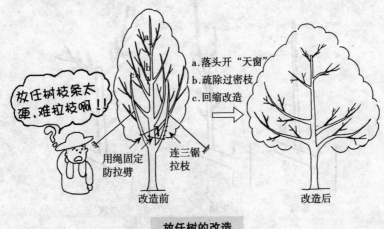

a.落头开"天窗"
b.疏除过密枝
c.回缩改造

放任树枝条太硬，难拉枝啊！！

用绳固定防拉劈　连三锯拉枝

改造前　　　　　　　　　改造后

放任树的改造

（二）连年重剪树的改造技术

连年重剪树表现为树势旺，满树旺条，营养枝多而直立，枝条集中在上部和外围；内膛光秃，结果枝组少；结果迟、产量低。多因不懂修剪、见枝短截、逢头必打（连年短截）造成的。改造方法：缓放、拉枝、疏密。

1. 尽量缓放促成花　连年重剪树营养梢多，花量少，停止修剪是改造的第一步。各级骨干枝延长枝要长留长放，待树势缓和后再行回缩。

2. 拉开角度　连年重剪树枝条直立而硬，拉枝会很困难，可在春、秋两季采用撑、拉、吊的办法，对想保留的骨干枝尽可能地拉开角度。必要时对于非骨干枝可以采用环割、环剥等手段，控制旺长，缓势促花，以果压冠。

3. 疏密生枝　除对过密生枝适量疏除外,树体改造的第一年一般应尽量保留,以免因修剪刺激树体旺长,等树势缓和成花、结果后再行疏除或改造。疏除的对象主要是外围强旺枝和过密新梢,一般枝以轻剪长放为主,结合拉枝,使其缓势成花后再改造成结果枝组。

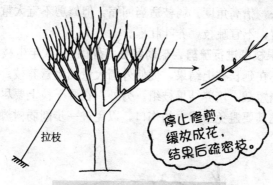

连年重剪树(极端例)的改造

(三)偏冠树的改造技术

在大风地区,树冠被吹歪斜;有的在幼树整形中,主枝生长不均衡,形成了偏冠树。

改造方法:迎风口采用刻芽方法促发分枝;树体轻微歪斜的,可撑、拉,结合背上枝换头;角度过大的枝条可反向拉枝,迎风枝留外芽或外枝。

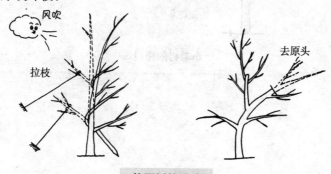

偏冠树的改造

（四）小老树的改造技术

小老树特征是树冠小、枝量少、生长细弱、果小质差。产生小老树的根本原因是肥水不足，或结果过早，未老先衰。改造方法：

1. 骨干枝不留花芽结果，外围枝选饱满芽短截 先端衰弱的背后枝换头，抬高角度。弱枝适当回缩，但修剪不宜太重。营养新梢尽量保留，不宜疏枝，养叶壮根。

2. 短果枝群进行疏剪，疏弱留壮 外围1～3年生枝段一律不留花芽，不在延长枝上结果，促使外围大量抽生营养枝。抽生后的营养枝适当短截，培养结果枝组。另外，在骨干枝上要尽量避免造成伤口，尤其要避免造成大的伤口，以免进一步削弱树势，影响树体生长。

小老树加强肥水管理是关键哦！！

← 延长枝短截

← 疏花芽

小老树的修剪

第六章 花果规范化管理技术

一、人工授粉技术

（一）人工授粉的必要性

绝大多数梨品种需要异花授粉才能正常结实，在自然授粉条件下必须依靠蜜蜂等昆虫进行传粉。在授粉树少或蜜蜂等昆虫活动少的梨园常出现坐果率低而造成减产。人工授粉是提高梨树坐果率的

自然授粉的弊端

重要措施，尤其是在花期如遇到大风、阴雨、低温、霜冻等不良天气，必须及时进行人工辅助授粉，以确保当年的产量，这也是抵御花期不良天气的一项抗灾措施。

人工辅助授粉也是促进梨果实膨大、端正果形的一项重要技术措施，因为经过人工授粉后所结的果实，其种子发育充分，分布均匀，从而有利于果实均匀膨大、果形端正；同时，大量的花粉还会刺激幼果产生生长类激素，促进果实的发育膨大，提高单果重。

人工授粉的优点

人工授粉　自然授粉　自然授粉

人工授粉　果形大而正

自然授粉　果形小而不正

原来是这样

（二）花粉的采集

1. 采花朵　授粉之前采集花粉，可结合疏花进行。当授粉品种处于初花期时，采集处于含苞待放的大铃铛期花苞（开花的当天或前一天的花朵）。采花时总体原则是：花多的树多采，花少的树少采；树冠外围多采，中部和内膛少采。

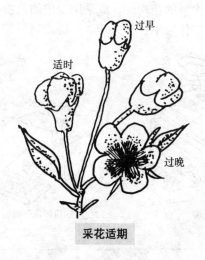

采花适期

2. 取花药　花粉用量少时可用人工取花药，方法是将采集的花朵，剥去花瓣，用镊子夹着取出花药放在清洁的盘等容器中，这样可减少花瓣、花丝混入花药中；也可用废牙刷刷下花药，或两手各拿一朵花，花心相对进行对搓，然后再清除花瓣和花丝，即可获得花药。花药取出后平摊在盘内或纸上。

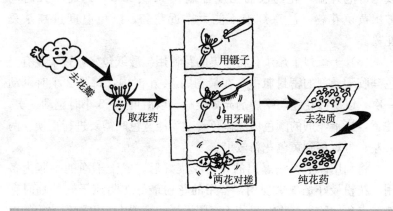

生产上需要大量的花粉时，应采用专用的采粉机处理花朵来采集花粉，以提高工作效率。

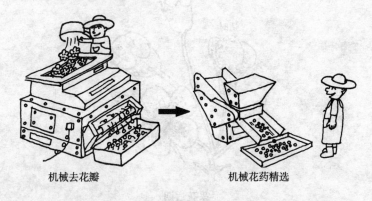

机械去花瓣　　　　　　机械花药精选

3. 散粉

（1）暖房干燥法　将取出的花药平铺于硫酸纸上，摊得越薄越好，而后置于 20～25℃的简易暖房内干燥，一般 24～48 小时花药即开裂，散出黄色花粉。升温措施可就地取材，比如采用火炉或电暖器升温等。

（2）灯泡干燥法　将花药于硫酸纸上摊开，用 250 瓦的红外线电灯泡升温，花药表面温度控制在 22～25℃，约需一天时间散出黄色花粉。注意灯泡不能太靠近花药，以免温度过高杀死花粉。

（3）干燥剂干燥法　将采集的花粉用硫酸纸包好，置于装有变色硅胶干燥剂的密封瓶中。在最初的 24 小时内，每隔 2 小时翻动一次，以确保花粉与干燥剂充分接触，以后可 4～5 小时翻动一次。注意：当干燥剂的颜色由深蓝色转变为淡蓝色时需要进行更换。两天左右可观察到黄色花粉散出。

将利用以上方法爆出的花粉收集好后，置于干净的小瓶内备用。花粉最好是现采现用，备用的花粉最好在阴凉干燥处临时存放，有条件的最好将花粉装入密闭干燥的容器内，再放到冰箱的冷

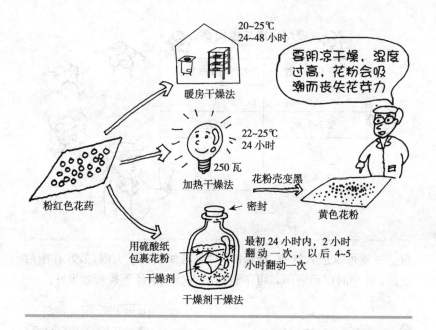

藏室或低温冷库内（0℃以上）保存，以确保发芽率。如果需要长期保存时，应密封好放置于－20℃冰箱中，以减少花粉活力的丧失。如果时间紧，来不及制备花粉时，可从市场上购买制备好的商品花粉，但要检测其发芽率，以确保授粉。

（三）授粉时期

就一朵花而言，当天开花当天授粉坐果率最高，可达95％以上；开花第2～3天授粉坐果率较高，可达80％左右；开花第4～5天授粉坐果率在50％左右；第6天授粉坐果率在30％以下。因此，授粉时期应选择开花当天为宜，可于盛花初期，即25％的花已开放时，开始人工辅助授粉，应在2～3天内完成授粉工作。

授粉时间可在上午8时露水已干至下午5时均可，但以9～10时最佳。气温高低也影响授粉效果，气温在20～25℃时授粉效果最佳。梨开花期白天气温一般在15～20℃，低于10℃授粉效果最差；大于30℃时，柱头枯焦，授粉无效。授粉后2～3个小时，花

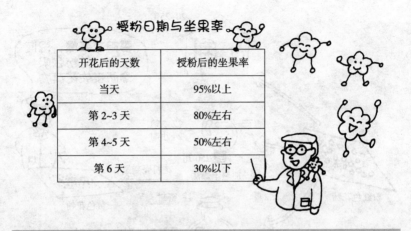

授粉日期与坐果率

开花后的天数	授粉后的坐果率
当天	95%以上
第2~3天	80%左右
第4~5天	50%左右
第6天	30%以下

粉萌发就可以进入柱头。授粉2小时以内如遇到下大雨，最好在雨后重授；3小时以后遇雨，可不重授。有微风条件下授粉效果好。

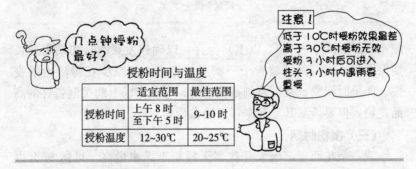

几点钟授粉最好？

注意！
低于10℃时授粉效果最差
高于30℃时授粉无效
授粉3小时后可进入
柱头3小时内遇雨要
重授

授粉时间与温度

	适宜范围	最佳范围
授粉时间	上午8时至下午5时	9~10时
授粉温度	12~30℃	20~25℃

（四）人工授粉技术

1. 人工点授 人工点授法是指开花时用铅笔的橡皮头、毛笔或棉签等蘸取花粉去点授。授粉时把蘸有花粉的器具向花的柱头上轻轻擦一下即可，每蘸一次，一般可点授5~10朵花序。应优先选粗壮的短果枝花授粉，再授其他枝上的花；同一花序内选择先开放的边花点授；花量大的树，每花序只点授1~2朵花，花量小的每花序点授2~3朵花，如遇到连续低温阴雨的天气时，全部点授。按留果标准、树龄大小，全树授粉100~300朵花。为节约花粉，一份花粉可加 2～4 倍增量剂（滑石粉、生粉等）混匀。为便于分辨授粉与否，可将增量剂染成红色，以减少重复授粉的劳动用工。

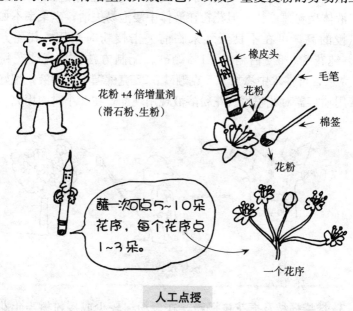

花粉＋4 倍增量剂
（滑石粉、生粉）

橡皮头

毛笔

花粉

棉签

花粉

蘸一次可点5～10朵
花序，每个花序点
1～3朵。

一个花序

人工点授

电动授粉器

花粉传送带

授粉器点授

2. 机械喷授 为提高工效，大面积梨园可使用小型喷粉机或小型喷雾器喷授。机械喷粉可以用一份纯花粉混加 20～50 份填充剂（如干淀粉），用专用喷粉机进行喷粉。机械喷粉法功效高，授粉效果好，但花粉用量大，成本高，而且容易出现坐果过多的问题。

液体授粉速度快，但花粉在液体中浸泡易失活，坐果率不如人工点授的高，可在不良天气来临前突击授粉时采用。其配方是0.2%纯花粉、5%白糖、0.1%硼砂。配制方法：每克纯花粉对500克水，再在水中添加0.5克硼砂、25克蔗糖配成溶液，配好的溶液用喷雾器对花喷授。花粉溶液现用现配，在2小时内用完。

硼砂 0.5克

蔗糖 25克

1克干花粉

500克水

液体授粉

3. 挂袋插枝及振花枝授粉　在授粉树较少或授粉树当年花少的年份，可从附近花量大的梨园剪取花枝（冬剪时不剪取，留着开花时剪取作授粉用）。花期用装水的方便袋插入花枝，分挂在被授粉树上，并上下左右变换位置，借助蜜蜂等昆虫传播授粉，效果也很好。为了经济利用花枝，挂袋之前，可先把花枝绑在竹竿上，在树冠上振打，使花粉飞散，振后可插袋挂树再用。授粉树不足的梨园可高接授粉品种的花枝，或高位换接授粉品种，这是解决授粉品种不足的根本措施。

4. 鸡毛掸子滚授法　把事先做好或购买的鸡毛掸子，先用白酒洗去毛上的油脂（否则不容易蘸上花粉），干后绑在木棍上，先在授粉树行花多处反复滚蘸花粉，然后移至要授粉的主栽品种树上，上下内外滚授，最好能在1～3天内对每树滚授2次。此法不宜在风大时或阴雨天使用，应在晴朗无风的天气进行，适用于成片的大面积梨园。

鸡毛掸子滚授法

（五）人工放蜂技术

近几年日本梨园饲养壁蜂，借助壁蜂的传粉活动来完成梨树授粉，其效果与人工授粉相当，而且简单方便，节省人工。放蜂时间根据花期而定，一般于花前 4～5 天释放。放蜂前 10～15 天喷一次杀虫剂和杀菌剂，放蜂期间严禁使用任何化学药剂，以防杀伤壁蜂。开始放蜂的果园，每 30～40 米设 1 个蜂巢，来年蜂量增多后再每隔 40～50 米设一蜂巢。放蜂数量根据梨树结果状况而定，一般每 667 米^2 放 200～250 头蜂茧。

二、疏花疏果技术

（一）限产增质的必要性

梨树是高产果树，在授粉良好的情况下，多数梨品种坐果率较高，容易实现丰产。但坐果过多，果实品质下降，劣质果多，优质果少，果实商品性降低，效益反而不好。同时由于树体营养消耗过度，还会造成采前落果，花芽分化不良，叶片早落，甚至开"二次花"。因此，在花量大、坐果过多、树体负载过重时，应加强疏花疏果。

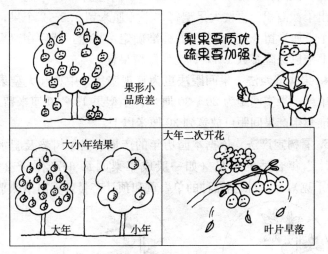

留果过多的害处

（二）留果标准的确定

在保证产量和质量的前提下，一株梨树能负载多少果实，应根据历年产量、树势、枝叶数量、树冠大小等情况综合考虑。确定梨树适宜的留果量有以下几种方法：

1. 叶果比法　最科学的是按叶果比指标，一般每个果实需配25～30个叶片，但因品种、栽培条件不同，适宜的叶果比有差异。如鸭梨、香水梨等适宜的叶果比为 20～25：1，茌梨、雪花梨和二十世纪梨等为 25～35：1，西洋梨等小叶片品种叶果比为50：1。盛果期的梨树，中、大果型品种30～35个叶片留1个果，小果型品种25个叶片留1果。叶果比法虽科学，但生产上应用起来还有一定困难。

2. 枝果比法　用枝果比作为定果标准，比叶果比法容易掌握。一般每 3 个枝条留一个果，如树龄小、树势强，枝果比可降低为

2∶1或2.5∶1；弱树要适当增加枝果比到3.5～4.0∶1或更多。

3. 干截面积法 对于成龄梨树，主干横截面积大小可以反映梨树树体对果实的负载能力，测量主干距地面20厘米的周长，利用公式干截面积（厘米^2）＝0.08×干周（厘米）×干周（厘米），计算出干截面积，再按大果型每个平方厘米留1.5～2个果，小果型每平方厘米留3.5～4个果的标准确定留果量，然后在留果量的基础上乘以保险系数1.1，即为实际留果量。

4. 果实间距法 果间距法更为直观实用。中型和大型果每序均留单果，果实间距为20～30厘米；小型果15～20厘米留一果。高标准梨生产果间距可放宽到30厘米以上。

5. 看树定产法 依据本园历年的产量、当年树势及肥水条件等估计当年合适的产量（如一般成年梨园每667米^{2}产2 000～2 500千克），然后根据品种的单果重和预计产量，算出单株平均留

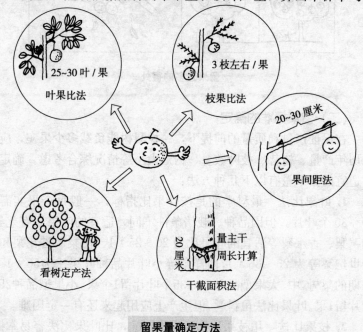

留果量确定方法

果数，再加上 10％保险系数，即可估计出实际留果量。

（三）疏花疏果技术

疏花疏果包括疏花蕾、疏花和疏果。从节省养分的角度看，晚疏不如早疏，疏果不如疏花，疏花不如疏蕾。但实际应用中，要根据当年的花量、树势、天气及授粉坐果等具体情况确定采用适宜的疏花疏果技术。如花期条件好、树势强、花量大、坐果可靠的情况下，可以疏蕾和疏花，最后定果；反之，则宜在坐果后尽早疏果。

1. 疏花蕾　冬季修剪偏轻导致花量过多时，蕾期进行疏蕾，既可以起到疏花作用，又不至于损失叶面积。疏花蕾或花序标准一般按 20 厘米的果间距保留一个，其余全部疏除。疏蕾时应去弱留强、去小留大、去下留上、去密留稀。疏蕾的最佳时间在花蕾分离前，此时花柄短而脆，容易将其弹落。方法是用手指轻轻弹压花蕾即可，工效较高。疏花蕾后果台长出的果台副梢当年形成花芽，可以"以花换花"。

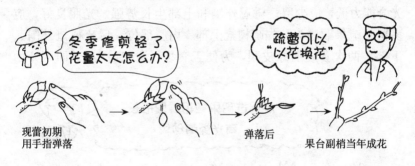

现蕾初期
用手指弹落
弹落后
果台副梢当年成花

2. 疏花　来不及疏蕾时可以进行疏花，但由于梨花量大，花朵之间相互重叠，而且开花前后花梗已较长，操作起来不及疏蕾方便。疏花的方法是留先开的边花，疏去中心花。

3. 疏果　一般在落花 15 天左右开始，越早越好。早熟品种和花量过大的梨园，要适当提前疏果，以减少树体养分消耗。疏果时按一定的果间距进行，选留适宜的果序留果。同时，梨为伞房花序，每个花序共有 5～7 朵花，疏果时选留第 2～4 序位的果为宜，因为第 1 序位果成熟早、糖度高，但果小、果形扁；第 5～7 花序晚熟、糖度低。

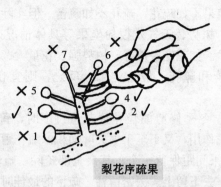

梨花序疏果

疏果要用疏果剪，以免损伤果台副梢。疏果时疏除小果、畸形果、病虫果、密挤果。树冠内膛，下部光照差，枝条生长弱，叶片光合能力低，应少留；树冠外围和上部生长势强，光照良好，应多留。疏果顺序为：先疏树冠上部、内膛部位，后疏树冠外围、下部。两次套袋的绿皮梨，为便于套袋，谢花后 10 天即可开始

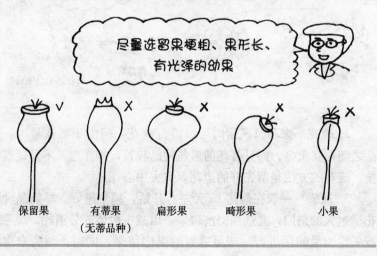

保留果　　有蒂果　　扁形果　　畸形果　　小果
　　　　　（无蒂品种）

疏果。

三、果实套袋技术

（一）果实套袋的作用

果实套袋是实现梨果优质安全生产的重要技术措施。套袋的主要优点表现在以下几方面：

1. 改善梨果实的外观品质　通过套袋，可减少果锈和裂果发生，使果实成熟后果点变小、果锈变少，果面蜡质增厚，颜色变浅，果皮细嫩光洁，色泽淡雅。

2. 降低果实的病虫害和农药污染　由于套袋对果实的保护作用，有效地减少了果实的病虫为害，而且套袋后农药、烟尘和杂菌不易进入，果实受污染的程度大大减轻。

3. 提高果实的贮藏性　因为套袋促进果面形成蜡质，贮藏期间黑心病发病率远低于不套袋果实，病虫侵染少；同时由于套袋果连同果袋一起采收，减少了采收机械伤，所以贮藏期间烂果少。此外，套袋还能减轻鸟害。

但套袋也有不利的一面，表现在套袋后果实的可溶性固形物含

量会降低，风味不及未套袋果，尤其是使用透光性差的果袋时更加明显。因此，需要通过增加肥水和修剪等配套栽培措施来减少套袋的不利影响。另外，套袋后通常会加重黄粉蚜和康氏粉蚧（入袋为害）的发生，黄冠梨套袋后还引起生理病害"鸡爪病"，要采用相应的措施来减轻套袋的不利影响。

（二）果袋的筛选

目前市场上果袋所用的纸袋种类繁多，不同果袋套袋后的效果也差别很大，要注意选择优质果袋。优质纸袋除具备经风吹雨淋后不易变形、不破损、不脱蜡，雨后易干燥的基本要求外，应具有较好的抗晒、抗菌、抗虫、抗风等性能以及良好的密封性、透气性和遮光等性能。质量低劣的果袋易破损，造成果面花斑，并导致黄粉蚜、康氏粉蚧等害虫入袋为害。

	果袋的种类	套袋后 果皮颜色
褐皮梨	外黄内黑双层袋	褐黄色
绿皮梨	外黄内黄果袋或 先套小白袋，再套外黄内白袋	淡绿色
	外灰中黑内无纺布三层袋	白色
红皮梨	外黄内黑或 外黄内红袋	（采前15天摘袋） 红色

（三）套袋技术

1. 套袋前的准备

（1）喷药　套袋前，要在果面上彻底喷洒杀菌、杀虫剂。杀菌剂可选用70％甲基托布津可湿性粉剂1 000倍液、80％代森锰锌可湿性粉剂（大生 M‑45）800 倍液；杀虫剂可选用10％吡虫啉可湿性粉剂2 000倍液。套袋前喷药最好选好粉剂和水剂，不宜使用乳油类制剂，更不宜使用波尔多液、石硫合剂等农药，以免刺激幼果果面产生果锈。套袋前喷药重点喷洒果面，药液喷成细雾状均匀散布在果实上，喷头不要离果面太近，压力过大也易造成果面锈斑或发生药害。喷药后待药液干燥即可进行套袋，严禁药液未干进行套袋。喷药时若遇雨天或喷药后 5 天内没有完成套袋的，应补喷 1 次药剂再套袋。

（2）潮袋　对于纸质较硬、质地较好的果袋，为避免干燥纸袋擦伤幼果果面和损伤果梗，要在套袋前1～2天进行"潮袋"，将袋口入水深一些，蘸水后用塑料包严，套果时一次不要拿太多果袋，

以免纸袋口风干而影响套袋操作。

2. 套袋的时间与方法

（1）**套袋时间** 疏果后即可套袋。套袋时间因品种而异，一般套一次大袋的，应在谢花 20 天开始，谢花后 45 天内结束。果袋的透光率较低，过早套袋会影响果实的发育，而且此时幼果果梗木质化程度低，过早套袋后遇大风时易引起落果；过晚套袋则果皮转色较晚，外观色泽较差。同一园区梨园套袋，应先套绿皮梨品种，再套褐皮梨品种。绿皮梨大小果分明，疏果完成后就应着手套袋，褐皮梨套袋可稍晚些。对一些易生锈斑的绿皮梨品种如翠冠等，为减轻锈斑的发生，可套两次袋，即谢花后 15～20 天套小袋，其后再过 30～40 天套大袋。

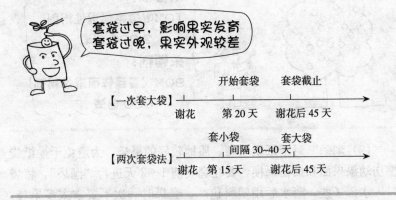

（2）**套袋方法** 一般先套树冠上部的果，再套树冠下部的果，上下、左右、内外均匀分布。通常应整个果园或整株树套袋。套袋时，先把手伸进袋中使袋体膨起，一手抓住果柄，一手托袋底，把幼果套入袋中，将袋口从两边向中部果柄处挤摺，再将铁丝卡反转 90°，弯绕扎紧在果柄或果枝上。套完后，用手往上托袋底，使全袋膨起来，两底角的出水孔张开，幼果悬空在袋中。一定要把袋口封严，若袋口绑扎不严，会为黄粉虫、康氏粉蚧等害虫入袋提供方便，同时也会使雨水、药水流入袋内，造成果面污染，影响外观品质。

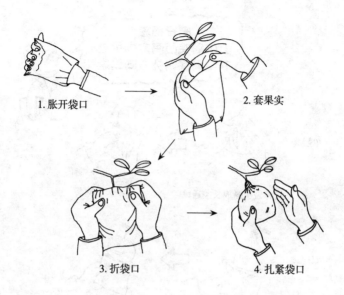

1. 胀开袋口　　2. 套果实

3. 折袋口　　4. 扎紧袋口

3. 摘袋时间和方法

（1）摘袋时间　绿色、褐色梨品种可连袋采摘。对于在果实成熟期需要着色的红色梨品种，如红香酥、满天红、美人酥、红巴梨等，应在采收前 15～25 天摘袋，以使果实着色。脱袋过早，果面返绿，着色不好；脱袋过晚则着色淡。摘袋应选择晴天，一般上午8～11 时，摘除树体西南方向的果袋；下午 3～5 时，摘除树体另外方向的果袋。也可先撕开袋底通风，1～2 天后再全部脱去果袋，对双层内黑袋等透光性差的果袋尤应注意，以防脱袋后发生日灼，阴天可一次性脱袋。

（2）摘袋方法　对于单层果袋，首先打开袋底通风或将纸袋撕毁成长条，4～7 天后除袋；摘除双层袋时，为防止日灼，可先去外袋，将外层袋连同捆扎丝一并摘除，靠果实的支撑保留内层袋。土壤干旱的果园注意摘袋前先浇 1 次水，以防果实失水。

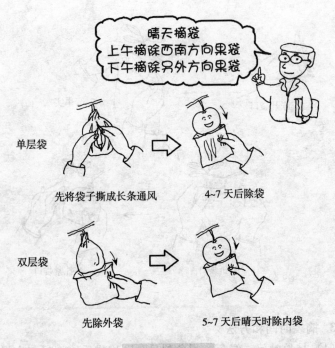

红皮梨的摘袋

第七章　优质梨棚架栽培技术

一、棚架栽培的优势

梨棚架栽培是日本等国家普遍采用的一种梨树栽培方式。梨棚架栽培与普通立式栽培相比，虽然建园成本高，但由于与普通立式栽培具有明显优势，因此，近年来在江苏、浙江、山东等沿海省份的栽培面积呈逐年扩大的趋势。

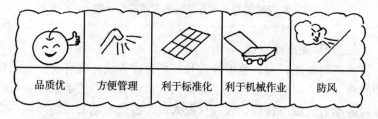

梨棚架栽培的五大优势

品质优	方便管理	利于标准化	利于机械作业	防风

（一）提高果实品质

通常棚架栽培的梨果实个大，果形整齐，品质好，商品率高。日本的研究认为，棚架梨产量和果形大小都优于普通立式栽培。南京农业大学梨工程技术研究中心的研究表明，棚架栽培比普通立式栽培（疏散分层形）的梨果实单果重大，可溶性固形物含量高，风味好，品质优。梨棚架栽培由于是在棚面上平面结果，光照条件好，树体营养供应均衡，结果枝更新容易，因此果实大小整齐。

表 7 - 1　棚架栽培与普通立式栽培产量构成因素的差异（日本）

构成因素	棚架栽培（T）	普通立式栽培（N）	T/N
每棵树产量（千克）	159.4	138.9	1.15
果实数量（个）	663	681	0.97
平均单果重（克）	241	204	1.18

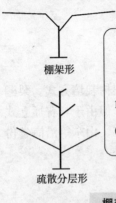

棚架形

疏散分层形

南京农业大学梨工程技术研究中心
研究结果
（丰水梨）
棚架梨单果重 322 克,可溶性固形物（糖度）12.89%。
疏散分层形单果重 259 克,可溶性固形物（糖度）11.25%。
棚架形梨果品质显著优于疏散分层形。

棚架栽培与疏散分层形的果实品质比较

（二）方便操作管理

棚架的架面较矮，整形修剪和枝梢管理方便，既有利于梨园管理的省力化，同时也在客观上为梨园的精细管理创造了条件。随着农村劳动力向城市转移，农业从业人口老龄化问题的日趋严重，梨棚架栽培的优势将日益明显。

（三）有利于实施标准化栽培

棚架形梨树的整形修剪技术相对较简单，容易掌握。而普通立式栽培的树形，由于树体生长的随意性强，修剪技术对栽培经验性要求较高，传统的"因树修剪、随树作形、看树管树"的技术难于量化，而棚架栽培方式梨树每株留多少枝、多少果均可量化，便于果农掌握和推广。

（四）便于机械化作业

棚架架面下农业机械行走方便，有利于机械喷药、除草、施肥，也有利于果实套袋、采收等，因而能提高梨园管理的工效。

（五）防风

风害是梨树栽培的难点之一，采前的台风或大风往往引起大量落果，损失严重。棚架栽培的梨树由于枝梢绑缚于架面结果，可有效地防止或减轻风害引起的采前落果。

二、梨棚架栽培的建园技术

（一）苗木的选择

梨树棚架栽培由于苗木的定干高度较高，对苗木的质量提出了更高的要求。要求苗木生长健壮、充实，嫁接口上方 10 厘米处的粗度为 1.2 厘米以上，苗木干高 150 厘米以上（不包括夏秋梢的高度），整形带有 8 个以上饱满芽；主根长度 25 厘米以上，侧根发达，生长健壮。

（二）栽植密度

棚架梨的永久性植株的株行距可为 6 米×6 米，为提高早期产量，可实行计划密植，栽植密度增加到 3 米×3 米，后期进行梅花形间伐。

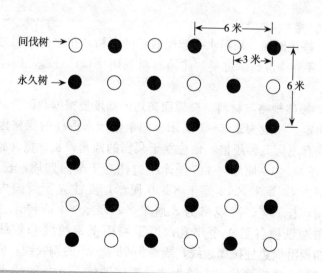

（三）棚架的搭建技术

梨棚架也称水平棚架或水平网架，日本棚架通常用钢管吊柱式，考虑到我国棚架的建园成本，一般采用水泥柱搭建，然后用铁丝拉成网格状的平棚。

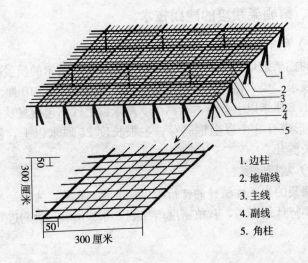

1. 边柱
2. 地锚线
3. 主线
4. 副线
5. 角柱

1. 搭建时间 采用水平棚架栽培的梨树，在定植后第二年冬或第三年春季进行。过早，建园材料利用率低；过晚，则不利于上架。

2. 棚架规格与材料 棚架面离地的高度要根据梨园管理者的身高而定，一般为 1.8～1.9 米。棚架梨园水泥柱的规格因其作用不同有下面几种规格：角柱立于梨园的四角，长、宽、高规格为 15 厘米×15 厘米×340 厘米；边柱立于梨园四周，长、宽、高规格为 12 厘米×12 厘米×330 厘米；支柱立于梨园内的果树行间，长、宽、高规格为 8 厘米×8 厘米×265 厘米。水泥支柱顶端纵横各留 1 个小孔，用于网面上钢绞线和铁线的穿引。四周沿周边柱拉周边线，规格为 25 毫米² 的钢绞线；园内用主线和副线拉成网状，主线为 8 号镀锌铁丝，副线为 12 号镀锌铁丝。

3. 搭建的顺序

（1）**放样**　先标出角柱的位置和固定角柱的预埋件的位置，并按株距周边线上每隔3米，标出固定边柱的预埋件的位置。

（2）**埋设预埋件（地锚）**　预埋件可以是50～60千克的石块或混凝土块上绑扎铁丝或细钢筋伸出土外，深1米，周边柱地锚重量加倍。

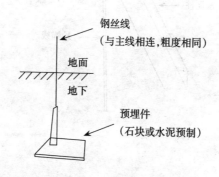

（3）**立角柱、拉周边线**　将角柱的底端插入土中，角柱插入土中深度以柱顶端的铅垂线正好落在角顶点处，角顶点的垂直调试为1.8～1.9米，再用25毫米² 钢绞线作周边线穿过角柱顶端的预留孔，分段将周边线用紧线器收紧固定。

（4）**立周边柱、拉主线**　周边柱入土130～150厘米，呈45°外倾，顶端向下垂直拉1根钢绞线与地锚相连，垂直高度1.8～1.9米，将边柱固定在周边线上，再与对应边的边柱用8号镀锌铁丝连接收紧，形成水平架的网格主线。

（5）**立支柱**　棚架中间对主线的每个交叉点立支柱支撑，支柱留棚面净高1.8～1.9米将铁丝顶起，多余的部分埋入土中，土中用石块或预制混凝土作垫石，防止下陷；支柱上预留多余的钢丝，将钢丝反折固定交叉点，并从支柱上面预留孔拉细铁丝加固交叉点。为避免立柱太多影响田间操作，早期可隔行栽植立柱，盛果期后果实负载量大时，再增加立柱。

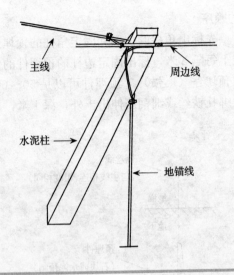

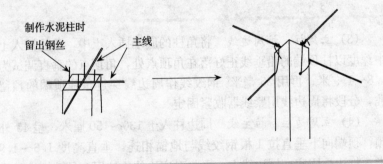

（6）网格加密　用12号热镀锌铁丝，上下穿行，纵横拉成50厘米×50厘米方格网。铁丝的安装要用紧线器，主网线之间要用细铁丝固定。

三、棚架梨的整形修剪技术

（一）棚架梨整形修剪的主要特点

1. 枝条水平生长，容易抽发徒长枝。骨干枝和结果枝绑缚在架面水平生长，新梢多直立生长，容易抽发徒长枝，枝条更新容易。

2. 早期成形较慢，不宜过早结果，否则树势下降，难以上架。

3. 生长季节必须加强对徒长枝的控制，保证主枝延长枝的生长强势。这是树冠扩大的根本保证。

4. 非常强调主从分明，骨干枝上临时枝或非骨干枝的粗度或生长势过强时，从基部去除。

（二）日本的几种棚架梨树形上架形式

日本棚架按定干高度和上架方式分为关东式、关西式和折中式。关东式定干高，上架快，但主枝基部易长出徒长枝；关西式定干部位低，田间管理较方便，但上架慢；折中式介于两者之间，是较适合我国推广的上架方式。

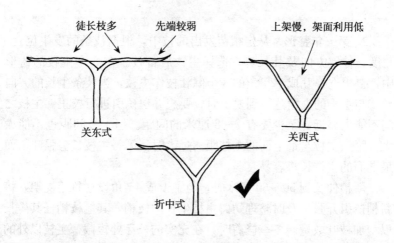

（三）棚架梨的整形技术

1. 定干　定植后萌芽前定干，定干高度 1.2 米，在饱满芽处下剪。为确保剪口下抽发的枝条生长势均衡，一般剪口下的 1～2 芽作为牺牲芽，在枝条萌发后抹去，以削弱顶端优势，促进下部芽抽发长势均衡的主枝。

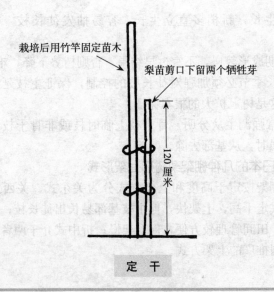

栽培后用竹竿固定苗木

梨苗剪口下留两个牺牲芽

120厘米

定 干

2. 第一年整形 从定植苗发出的枝中，根据枝条的发生位置、角度、伸展方向及其长势，选择主枝后备枝。在 3 个主枝的树形中，要求选择互成 120°角的 3 个健壮枝作主枝，当枝条生长的方向及其与主干的夹角达不到要求时，要想办法诱引进行校正。主枝之间不能太靠近，至少要有 7~8 厘米的间距。但主枝间距也不能太大，第一主枝与最上面的主枝距离过大时，第一主枝长势强旺，而最上面的主枝长势容易衰弱。

新梢伸长到 50~60 厘米时，与主干成 45°角设立竹竿支架，将新梢诱引开张。及时整理妨碍主枝生长的枝梢，其他枝梢任其生长以增加枝叶数量。冬季修剪时，在充实的枝芽处短截，主枝以外的辅养枝除了疏除特别影响树形的枝条外，尽可能保留。

3. 第二年的整形 在各主枝下分别再立 1 根竹竿，将主枝新梢引缚其上使其直立上长，在主枝后部发生的旺枝要尽早除去，其他枝梢任其生长，以增加枝叶数量。冬季修剪跟第一年冬剪一样，在枝芽充实处短截。除了疏掉对主枝有较大影响的枝条处，其他枝条应尽量保留，并将其向主枝的两侧诱引，枝位不要高出主枝。

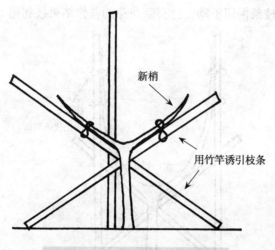

第一年生长季节新梢诱引示意图

第二年生长季节诱引示意图

4. 第三年整形　第三年将主枝诱引到棚架上，使各主枝在棚上生长，这时全树枝叶较多，主干及主枝牢固，冬季与前两年一样在主枝延长枝充实的地方短截，剪除特别强势的枝和扰乱树形的枝条，其他枝条保留不动，已有腋花芽的枝作结果枝利用。

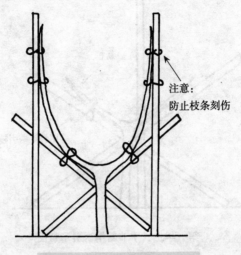

注意：
防止枝条刻伤

第三年生长季节诱引示意图

5. 第四年整形 调整主枝在棚架上的方位，并将其绑缚到架面上，为了防止主枝上棚时主枝在分杈处劈裂，可以在主枝的分杈处用绳子紧紧捆住主干。主枝上棚后会发出许多徒长枝，尤其是主枝背上发生的枝条，应在春季及时抹除，适当保留主枝上的侧生枝，以保证有足够的营养面积。冬天修剪时，接着上一年的进行，继续饱满芽短截促进主枝延长。上架后的主枝生长势会逐渐变弱，短截的程度可以稍重些。同时要重视侧枝的培养。第一侧枝的选留位置应在距主枝分杈处1米的地方，且应位于主枝的侧面，与主枝

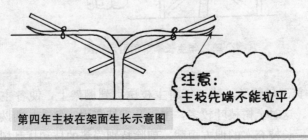

注意：
主枝先端不能拉平

第四年主枝在架面生长示意图

的生长势之比在 7：3 为好。

6. 第五年至第七年的整形　此期 3 个主枝，3 个侧枝的树形基本完成，第二侧枝的配备使树冠更加扩大，主枝延长枝先端逐渐与邻树相接交叉，要及时控制或间伐。棚架成形后的枝条分布如图所示。

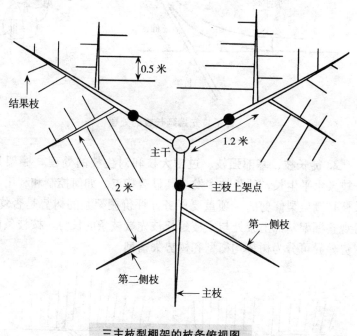

三主枝梨棚架的枝条俯视图

（四）棚架梨的修剪技术

1. 主枝、侧枝先端的修剪　棚架栽培将主枝绑缚于架面生长，主枝先端生长势很容易弱化，后部易长出徒长枝。因此，对于主枝或侧枝的先端，必须想方设法让其保持优势，一般在饱满芽处短截，并使枝条延伸角度尽量抬高，树势较弱时近于直立（90°）诱引，切忌将先端延长枝拉平处理。骨干枝先端延长枝的诱引方法如图。

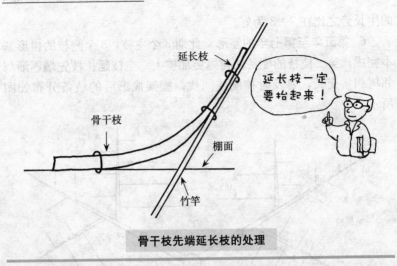

骨干枝先端延长枝的处理

2. 徒长枝、基部强枝、过密大枝和对生枝的处理　棚架梨由于枝条水平生长，徒长枝多发是其显著特点。如何控制和利用好徒长枝是棚架梨修剪的一项重要任务。评价棚架梨的树势是否均衡，可观察棚架基部上架处与主枝延长枝先端枝条的长势，按枝条前后树势差异可分为树势均衡型和树势失衡型。

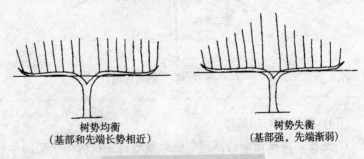

树势均衡
（基部和先端长势相近）

树势失衡
（基部强，先端渐弱）

棚架梨树势均衡与否的评价

　　一般来说，主枝基部上架处附近徒长枝过多会直接导致主枝、侧枝先端变弱。先端变弱时要加强基部强枝的修剪，让更多的养分向先端运输。此外，基部过密大枝和对生枝等枝条与主枝、侧枝先端产生养分竞争，也会导致骨干枝先端弱，使枝条上架后延伸缓慢，要尽早疏除。

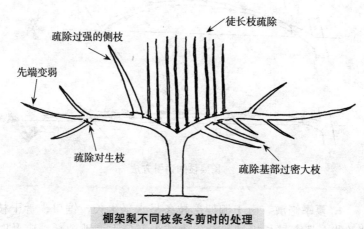

棚架梨不同枝条冬剪时的处理

3. 结果枝的修剪　根据梨品种结果习性的不同，对结果枝的修剪方法也有不同。棚架梨一般可分为利用短果枝结果、利用长果枝结果和利用更新枝结果三种类型。为了生产优质梨果，应多培养青壮年结果枝，结果枝龄一般不超过4年，要注意结果枝组的更新与培养。

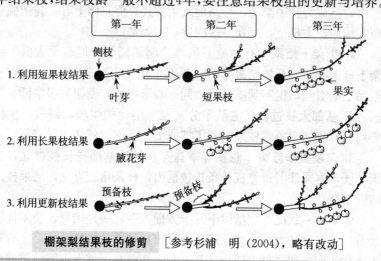

棚架梨结果枝的修剪　［参考杉浦　明（2004），略有改动］

结果枝要绑缚在架面上结果，绑缚时注意不要呈弓形。

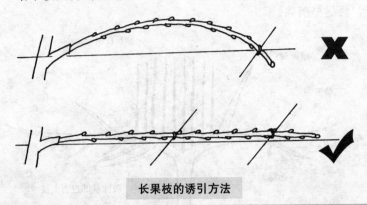

长果枝的诱引方法

4. 夏季修剪　由于棚架形枝条呈水平生长，锯口、骨干枝基部及背上都容易长出徒长枝，为减少养分无谓地消耗，应及时抹去。对于当年的营养枝，为促进其形成花芽，可于新梢停长后进行与水平呈 60°角度诱引。

（五）目前我国棚架梨修剪存在的主要问题

近年来，梨树棚架栽培在我国尤其是沿海地区的推广面积逐渐扩大，已成为我国梨的一种新的栽培方式。但总体上看，我国棚架梨栽培尚不太规范，存在一些问题，主要是：

1. 棚架下结果　有的地方虽然建起了棚架，但定干太低，或架下枝条太多，开始结果早，结果部位在架下，造成树、架分离，架面上的空间却得不到应用，形同开心形树形，棚架利用率低。

2. 基部大枝过多，主从不分　没有明确的主枝、侧枝，生长势均一，相互竞争，枝条上不了架或上架后难以延伸。

3. 忽视夏季修剪　忽视春季抹芽，导致基部徒长枝林立，外围枝弱，内强外弱；忽视枝条拉枝诱引，枝条角度直立，结果枝的培养不够。

针对这一状况，应从以下几个方面入手：一是培育、使用优质壮苗，只有健壮大苗才能在定干后长出足够数量的健壮枝，才有利于主枝的配备和尽早上架；二是做到上架前骨干枝上不要结果或少结果，以促进营养生长，确保树体先端生长势；三是理顺枝条主从关系，疏除影响主枝生长势的枝条，同时抬高主枝、侧枝延长枝角度，以促进架上主、侧枝的旺盛生长，尽早扩大树冠，使架面上各类枝分布均匀，达到梨树棚架栽培的目的。

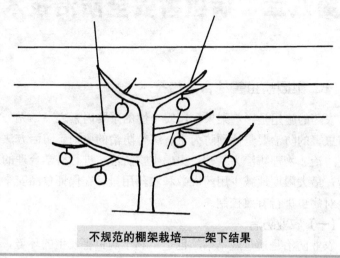

不规范的棚架栽培——架下结果

第八章　病虫害安全防治技术

一、梨园病虫害综合防治技术

农药的施用是影响梨果食用安全性的重要因素之一。无公害梨树病虫害的防治要坚持预防为主、综合防治的原则，防治方法要以农业防治、物理防治为基础，提倡生物防治，进行科学合理的化学防治，最大限度地减少用药次数和农药用量，在保证食品安全的基础上对病虫进行有效控制。

（一）农业防治

农业防治是通过栽培措施创造不利于病虫害发生的环境，减少病虫基数，消除中间寄主以减轻病虫发生的防治方法。农业防治是梨树病虫害防治的基础。

1. 加强肥水管理，改善树体光照　增施有机肥、平衡施肥，合理修剪，增加通风透光，提高树体对病虫的抵抗能力，从而抑制病虫发生。

树势弱　　　　树势强

2. 清除病原 生长季节及时剪除病虫枝，冬季清扫落叶并深埋，可以减少越冬病虫密度。

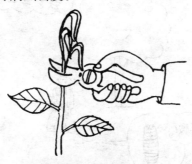

及时剪除病虫梢

翻耕深埋病叶

3. 冬季刮树皮 俗话说"要吃梨，刮树皮"，通过刮树皮可显著减少病虫基数。

4. 树盘深翻 冬季将在土中越冬的害虫翻至土表，可以破坏其越冬场所，减少越冬虫口基数。

5. 果实套袋 果实套袋可以阻止梨小、桃小等食心虫和椿象对果实的为害，同时可减轻果实黑斑病、轮纹病的发生。

6. 阻断病害侵染链或虫害食物链 例如梨园周围5千米范围内不栽植中间寄主桧柏，可控制梨锈病的发生；不与桃、李等果树混栽，可减轻梨小食心虫的为害。

树盘深翻

果实套袋

避免与桃树、桧柏混栽

7. 加强苗木检疫 最好选用脱毒苗木，如苗木带有梨根癌病以及枝干病害等，应就地销毁，以免通过苗木传播；选用脱毒苗树势健壮，产量高。

8. 选择抗病虫品种 如鸭梨等白梨品种易感黑星病，选择雪青、黄冠等品种抗黑星病。

（二）物理防治

物理防治是根据害虫的趋光性、趋化性、假死性等害虫生物学特性所设计的物理器械诱捕杀虫法。

1. 灯光诱捕法 近年来推广频振式杀虫灯效果较好。南京农业大学梨工程技术研究中心在江苏省常州市武进区横山桥砂梨园进行试验的结果表明：频振式杀虫灯对鳞翅目害虫的诱杀效果非常好，对天敌安全。鳞翅目害虫、金龟子分别占诱杀昆虫的75.38%、15.52%，而瓢虫、草蛉等天敌数量仅占诱杀昆虫的0.71%。

频振式杀虫灯诱杀

2. 糖醋液诱捕法　利用某些害虫成虫的趋化性进行诱捕。如金龟子的诱杀配方是：红糖 0.5 千克、醋 1 千克、水 10 千克，加少量白酒（0.2 千克左右）。把配好的糖醋液盛入小盆或碗里，制成诱捕器，用铁丝或麻绳将其悬挂在树上诱杀害虫。

3. 绑缚草束诱杀法　有些害虫如梨小食心虫有在树皮裂缝中越冬的习性，可在树干上绑草诱集越冬，集中消灭。

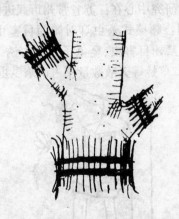

4. 振树捕捉法　利用某些害虫，如金龟子的假死性，早晚摇动树干，使其掉落到地面，进行人工捕杀。

金龟子

（三）生物防治

生物防治是用生物或生物的代谢产物及其分泌物来控制病虫害的措施。

1. 保护自然天敌　　自然界的天敌制约着害虫的发生，一定程度上能够维持着果园昆虫的生态平衡，但果园广谱性农药的大量使用，使天敌的数量逐渐减少，增加了害虫防治的难度。因此，梨园要做到无公害防控病虫，首先必须保护天敌。果园的天敌主要有寄生性天敌和捕食性天敌，寄生性天敌中主要是寄生蜂和寄生蝇；捕食性天敌有花蝽、蓟马、草蛉、瓢虫、食蚜蝇、隐翅虫和捕食螨等。

寄生蜂（赤眼蜂）　　　　　　寄生蝇

寄生性天敌

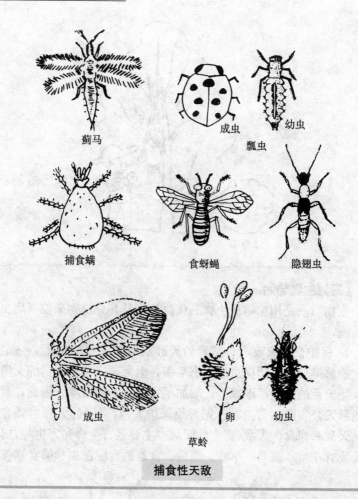

蓟马

成虫   幼虫

瓢虫

捕食螨   食蚜蝇   隐翅虫

成虫   卵   幼虫

草蛉

捕食性天敌

保护天敌的方法：①在天敌发生数量少的时期使用化学农药，减少杀伤天敌的机会；②选用对天敌无害或伤害较小的农药，尽量少用广谱性杀虫剂；③在果树行间种草，创造有利于天敌栖息的环境。

2. 天敌的人工释放与助迁　人工释放赤眼蜂是果园较成功的生物防治方法。该方法是在害虫卵发生始盛期，分批用大头针将赤眼蜂卵卡插在树干中部阴面的小枝上。防治梨小食心虫的放蜂适期是在性外激素诱捕到第一头雄蛾后 3～5 天，第一次放蜂后隔 5 天再放一次，共放蜂 3～4 次，每 667 米^2 总放蜂量为 15 万～20 万头。

赤眼蜂

人工助迁可以帮助天敌向梨园迁移，如麦收前在麦田收集大量瓢虫释放于梨园，可帮助瓢虫向梨园转移，可以起到控制害虫发生的作用。

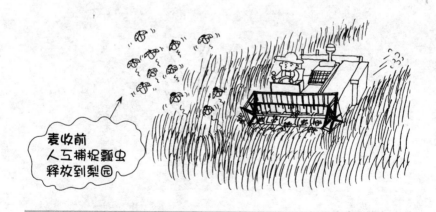

3. 选用微生物及农用抗生素类农药　目前在果树上使用较多的微生物农药是苏云金杆菌。苏云金杆菌又叫 Bt 杀虫剂，可防治棉褐带卷叶蛾（苹果小卷叶蛾）、桃蛀果蛾的初孵幼虫。农用抗生素类杀菌剂有多抗霉素、农抗 120，能够防治果树的多种病害；农用抗生素类杀虫剂阿维菌素对梨木虱、蚜虫、食心虫以及螨类都有较好的防治效果。

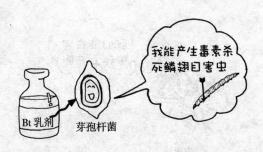

Bt 乳剂　　芽孢杆菌

我能产生毒素杀死鳞翅目害虫

4. 昆虫性外激素的应用　昆虫性外激素，又称昆虫性引诱剂、性诱剂，是雌成虫分泌的用来引诱雄成虫交尾的一种化学物质，只对雄成虫有效，用于害虫防治和预测预报。目前生产上使用的有梨小食心虫、桃蛀果蛾等害虫的性诱剂。

诱芯　　　　　　梨树

（四）化学防治

化学防治是用化学农药进行病虫害防治。虽然在目前或今后很长一段时间，化学防治方法仍然是控制病虫害的主要手段之一，但不能单纯依靠化学农药来对病虫进行防控。目前，我国梨生产中还存在着农药使用不规范、盲目和随意用药的现象，应加以纠正。科学合理的化学防治要求：

1. 科学预测 化学防治病虫要求确定防治对象，对其发生期进行预测，以确定合适的防治时期和方法。

2. 合理选择用药种类和用量 我国对无公害果品生产中的化学农药使用已有明确的规定，禁止使用剧毒、高毒、高残留农药（梨园禁用农药见附录1），提倡使用生物源农药（如烟碱、Bt乳油）和矿物源农药（如石硫合剂、波尔多液），允许使用的农药也要控制使用次数和用量，以减少梨果实中的农药残留；尽量避免在天敌的高峰期使用广谱性药剂等。

3. 注意农药的交替使用 避免重复使用相同或同类型农药，以防止病虫产生抗药性。

4. 农药的混配使用 一般农药不能与碱性物质如波尔多液混用等，避免产生药害。

二、无公害梨虫害防治技术

（一）梨二叉蚜

1. 为害状 梨二叉蚜又叫梨蚜，受害叶片向正面纵向卷曲呈筒状，新梢顶端叶片受害较重。被害叶向正面纵卷成筒状，皱缩，受害叶大都不能伸展开，易脱落，影响树冠扩大，削弱树势。受害叶易招致梨木虱潜入为害。

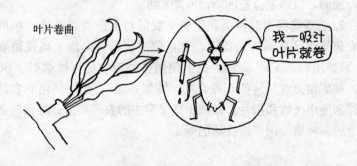

叶片卷曲

我一吸汁叶片就卷

2. 发生规律 梨二叉蚜 1 年发生 10 多代，以卵在梨树芽或小枝裂皮中越冬，翌年梨花芽萌动时孵化为若蚜，群集在露白的芽上为害，展叶期集中到嫩叶正面为害并繁殖，被害叶很快卷曲成筒状。落花后半月左右开始出现有翅蚜，5～6 月间转移到茅草、狗尾草等其他寄主上为害，到秋季 9～10 月间产生有翅蚜返回梨树上为害，11 月份产生有性蚜，交尾产卵于枝条皮缝和芽腋间越冬。

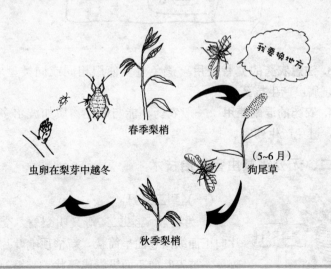

春季梨梢

我要换地方

虫卵在梨芽中越冬

（5～6 月）
狗尾草

秋季梨梢

防治方法

1. 早期摘除被害叶
2. 开花前喷药
3. 保护利用天敌

3. 防治方法

（1）人工防治 在发生数量不太大时，早期摘除被害叶、集中处理，消灭蚜虫。

（2）开花前喷药防治 此期越冬卵全部孵化、而又未造成卷叶时应喷药。有效药剂：10％吡虫啉可湿性粉剂3 000倍液，3％啶虫脒乳油2 500倍液，1.8％阿维菌素乳油4 000倍液等。

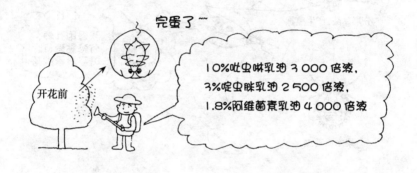

完蛋了~

开花前

10％吡虫啉乳油3 000倍液，
3％啶虫脒乳油2 500倍液，
1.8％阿维菌素乳油4 000倍液

（3）保护利用天敌 蚜虫天敌种类很多，当虫口密度较小、没必要喷药时，保护利用天敌的作用很明显。

手下留情

保护天敌

（二）梨木虱

引起梨树早期落叶的主要害虫之一。

1. 为害状 若虫在芽、叶片和嫩梢汲取汁液。成虫也可为害，但不严重。

被害叶片产生褐色枯死斑点，严重时叶片皱缩卷曲，变黑脱落。若虫分泌大量黏液，常将两叶片黏合，黏液滋生黑霉，污染叶片和果实，引起落叶。

梨木虱

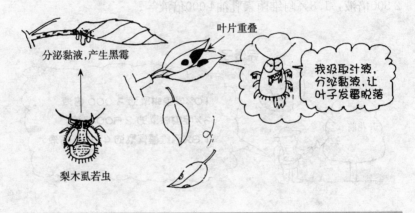

分泌黏液，产生黑霉

叶片重叠

我汲取汁液，分泌黏液，让叶子发霉脱落

梨木虱若虫

2. 发生规律 辽宁 3～4 代，河北、山东 4～5 代，河南 5～6

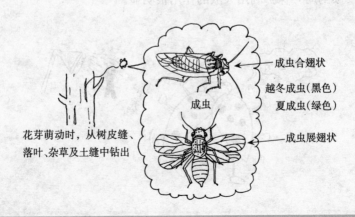

花芽萌动时，从树皮缝、落叶、杂草及土缝中钻出

成虫合翅状

越冬成虫（黑色）

夏成虫（绿色）

成虫

成虫展翅状

代，江苏6～7代。各地均以成虫在树皮缝、落叶、杂草及土缝中越冬。梨树花芽萌动时出蛰，出蛰盛期一般在梨花露白期。成虫活泼善跳，冬型成虫将卵产于短果枝芽基周围的树皮皱纹里。第一代若虫孵化时间整齐一致，在梨树落花达90％左右时出现。夏型成虫将卵产于叶柄沟、主脉两侧和叶缘锯齿中间，第二代开始世代重叠，6～8月为害最重。10月上旬开始出现越冬成虫，陆续越冬。

3. 防治方法

（1）消灭越冬成虫　早春刮净老翘皮，清除树下落叶杂草，消灭越冬成虫。

早春刮净老皮　　　　　清扫落叶杂草

（2）**保护利用天敌**　梨木虱的天敌种类较多，有花蝽、草蛉、瓢虫、寄生蜂等，对梨木虱自然控制作用较强，在天敌发生期应尽量少喷广谱性杀虫剂。梨树行间应种植绿肥作物或生草，为天敌提供转换寄主和繁殖场所。

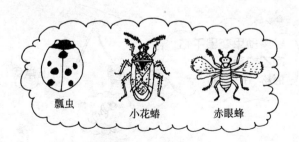

瓢虫　　　　　小花蝽　　　　　赤眼蜂

（3）药剂防治　关键时期是越冬成虫出蛰期。在梨树花芽鳞片露白期，选晴朗的天气喷药，能消灭大部分越冬成虫。常用药剂有4.5％高效氯氰菊酯乳油2 000倍液；第二个防治关键时期是第一代若虫孵化期，即在梨落花90％时喷药，常用药剂有10％吡虫啉可湿性粉剂3 000倍液、1.8％阿维菌素乳油4 000倍液等。

萌芽前：
4.5％高效氯氰菊酯乳油 2000倍液
谢花后：
10％吡虫啉可湿性粉剂 3000倍液
1.8％阿维菌素乳油 4000倍液

（三）梨大食心虫

简称梨大，俗名"吊死鬼"。

1. 为害状　以幼虫食梨芽、花和果实。

越冬幼虫为害花芽，从芽的基部蛀入，髓部被蛀空，被害芽干瘪不能萌发，花芽膨大期转芽为害。幼果期蛀果为害，蛀入孔较大，蛀孔外有黑褐色虫粪，幼虫吐丝将果柄缠绕于果台上，幼果变黑干枯，但不脱落，故俗称"吊死鬼"。

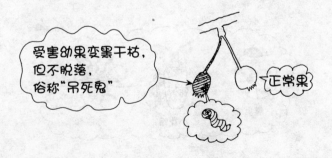

受害幼果变黑干枯，但不脱落，俗称"吊死鬼"

正常果

2. 发生规律　以幼龄幼虫在梨芽（主要是花芽）内结茧越冬，越冬芽受害后形成枯芽。在华中地区1年发生2～3代，越冬幼虫梨花芽膨大前后转芽为害，转芽期为花芽开绽至花蕾分离期，持续5～14天，当幼果长到手指头大时，越冬幼虫转害果实，此时称转果期。越冬幼虫大约为害20天，并在最后被害的果实内化蛹，蛹期8～15天。越冬代和1代成虫发生盛期分别为6月下旬至7月上旬及8月上中旬。成虫昼伏夜出，对黑光灯有较强趋性。卵产在果实萼洼内、短枝、果台、芽腋等处。每处产卵1～2粒，卵期7～8天，幼虫孵化后为害芽或果。发生晚的幼虫为害1～3个梨芽，即在芽内作小茧越冬。

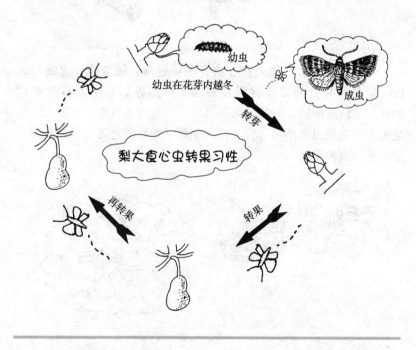

3. 防治方法

（1）人工防治　结合冬剪，剪除虫芽；在梨树开花期，随时摘除被害花果，消灭幼虫；幼果期摘除虫果。注意：摘除被害果的时间一般在果实膨大期之前，宜早不宜迟，摘果太晚，则羽化的成虫已飞走，达不到防治效果。

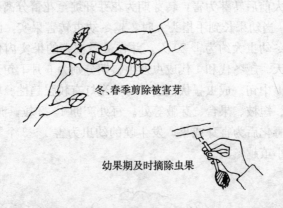

冬、春季剪除被害芽

幼果期及时摘除虫果

（2）保护天敌 梨大食心虫有多种姬蜂、绒茧蜂、寄蝇等天敌。梨大食心虫的寄生性天敌较多，自然界的寄生率有时高达80％，应设法保护。方法是采摘虫果，放在铁丝网里，网眼大小以梨大食心虫成虫飞不出为宜，待寄生蜂（蝇）羽化飞出后，将梨大食心虫成虫消灭。

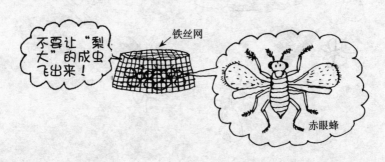

不要让"梨大"的成虫飞出来！

铁丝网

赤眼蜂

（3）药剂防治 防治的关键时期是越冬幼虫转芽、转果期。常用药剂有：2.5％溴氰菊酯乳油2 000倍液，40.7％毒死蜱乳油2 000倍液，5％氟虫脲（卡死克）乳油1 000倍液等。

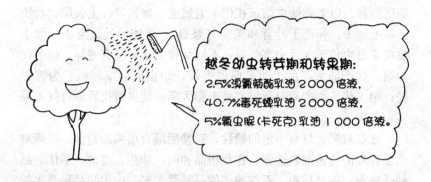

越冬幼虫转芽期和转果期：
2.5%溴氰菊酯乳油2000倍液，
40.7%毒死蜱乳油2000倍液，
5%氟虫脲(卡死克)乳油1000倍液。

（四）梨小食心虫

梨小食心虫

1. 为害状 幼虫蛀果多从果实顶部或萼凹蛀入，蛀入孔比果点小，呈圆形小黑点，稍凹陷。幼虫蛀入后直达心室，蛀食心室部分或种子，切开后多有汁液和粪便。有的蛀入孔较大，孔周围果肉变黑腐烂，称之为"黑膏药"。脱出孔较大，直径约3毫米。有的脱出孔有粪便，有的呈水渍状腐烂。幼虫为害梨梢时多从尖部第2~3个叶柄基部幼嫩处蛀入，向下蛀食木质部和半木质部。留下表皮，被蛀食的嫩尖萎蔫下垂。

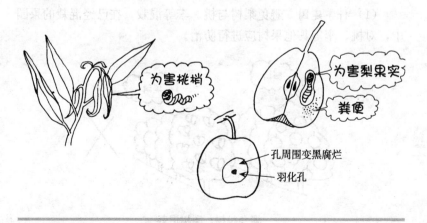

为害桃梢

为害梨果实

粪便

孔周围变黑腐烂

羽化孔

2. 发生规律 梨小食心虫1年发生3~7代，发生的世代数因地区而异。以老熟幼虫结茧在树干老翘皮、剪锯口、土表层、石块下等处越冬。卵产于叶背和果面（果肩）、萼洼等处。梨小一般主要在 7 月中旬至 9 月为害梨果，不同品种受害早晚有差异。越冬代和第一代产卵后，由于幼果期果肉硬，幼虫成活率较低，为害很轻；第二代成虫产卵时梨果实处于膨大期，幼虫孵化后即可蛀入果实，为害重。

成虫对黑光灯有一定的趋性，对糖醋液有很强的趋性。雄蛾对人工合成的性诱剂趋性强。在梨树品种间，味甜、皮薄、质优的品种受害重；而品质粗、石细胞多的品种受害轻。中国梨品种受害较重，西洋梨受害较轻。

一年发生 3~7 代

老熟幼虫结茧在树干老翘
皮、剪锯口、土表层、石块
下等处越冬

成虫　　幼虫

3. 防治方法

（1）科学建园　避免梨树与桃、李等混栽。在已经混栽的果园中，对桃、李等其他果树应进行防治。

梨树

桃树

避免桃树、梨树混栽

（2）减少病虫基数　梨树萌芽前，刮除老翘皮，然后集中处理。越冬幼虫脱果前，在主枝、主干上捆绑草束或破麻袋片等，诱集越冬幼虫集中销毁。在5～6月间连续剪除有虫桃梢，并及早摘除虫果和清除落果。

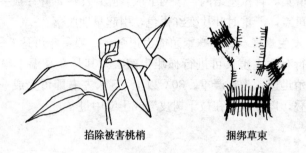

掐除被害桃梢　　　　　捆绑草束

（3）诱杀成虫　用糖醋液（诱杀梨小食心虫的配方为红糖：醋：白酒：水＝1：4：1：16）或梨小性诱剂、诱捕器等诱杀成虫。

（4）天敌防治　在1、2代卵发生初期开始，释放松毛虫赤眼蜂，每4～5天放1次，共放4～5次。

（5）药剂防治　可选用2.5％溴氰菊酯乳油2 500倍液、4.5％高效氯氰菊酯乳油2 000倍液、1.8％阿维菌素乳油3 000倍液等药剂喷雾。

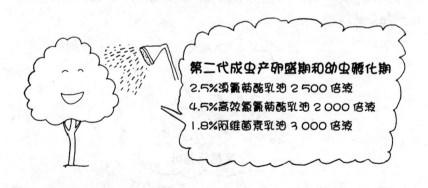

第二代成虫产卵盛期和幼虫孵化期
2.5%溴氰菊酯乳油2 500倍液
4.5%高效氯氰菊酯乳油2 000倍液
1.8%阿维菌素乳油3 000倍液

（五）山楂红蜘蛛

包括苹果全爪螨、山楂叶螨等。

1. 为害状 苹果全爪螨将口器刺入叶片组织内为害，受害叶片初呈失绿斑点，严重时叶片全部失绿变色。山楂叶螨群集叶背拉丝结网，于网下取食叶片汁液，叶片被害后呈成块失绿斑点，严重时叶片变红褐色，引起早期脱落。

2. 发生规律 红蜘蛛繁殖能力很强，一般一年可达 6～10 代，既可进行有性生殖又可进行孤雌生殖。尤其是在高温干旱的条件下，繁殖迅速，为害严重。30℃以上，5 天左右即可完成一代，且世代重叠，以雌成螨在枝干树皮缝或土缝中过冬。

雌成虫在枝干树皮缝或土缝中过冬

雌成虫　雄成虫

●一年发生6~10代
●高温干旱发生重
●易对农药产生抗性

3. 防治方法

（1）农业防治 清除枯枝落叶，集中烧毁，可以减少山楂红蜘蛛越冬基数。

清除枯枝落叶

（2）保护和利用天敌　捕食螨、瓢虫、草蛉、蓟马等对螨都具有一定控制作用，选择药剂时应考虑天敌的安全，减少用药次数，若有条件，可人工释放捕食螨。另外，由于多毛菌也是红蜘蛛的天敌，铜制剂会杀死多毛菌，施用次数过多会诱发红蜘蛛。

捕食螨(可人工释放)　　蓟马

（3）药剂防治　红蜘蛛繁殖能力强，容易产生抗药性，应及时用药和交替用药。萌芽前用50％硫悬浮剂200～400倍液喷雾；落花后用20％四螨嗪（螨死净）悬浮剂3 000倍液，15％哒螨灵乳油2 000～3 000倍液，1.8％阿维菌素4 000倍液。

繁殖能力很强

萌芽前：
50％硫悬浮剂200~400倍液
落花后：
20％四螨嗪悬浮剂3 000倍液
15％哒螨灵乳油2 000倍液
1.8％阿维菌素乳油4 000倍液

（六）梨茎蜂

又名梨茎锯蜂，俗称折梢虫。

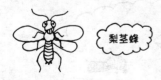

梨茎蜂

1. 为害状　梨茎蜂是为害梨树新梢的害虫，当梨新梢长至6～7厘米时，成虫用锯状产卵器将新梢顶端锯断，仅剩皮层与枝相连，新梢萎蔫，不久干枯脱落，形成枝橛。上部折断，仅留2～3厘米短橛，内有1粒卵，幼虫孵化后在橛中蛀食，蛀食部分变黑干枯。

新梢6~7厘米长时，成虫将新梢顶端锯断，仅剩皮层与枝相连，新梢萎蔫，干枯脱落，形成短枝橛。

2. 发生规律 每年 1 代，北方以老幼虫在被害枝条蛀道内过冬。南方以前蛹或蛹过冬。华北一般 3 月间化蛹，4 月间羽化，梨盛花期出成虫，新梢长 6～7 厘米时产卵，产卵期约半个月，卵期约 7 天，幼虫孵化后蛀食心髓及幼嫩木质部，由上向下蛀食，粪便排于体后，多将蛀食空填满，6 月上旬老熟，头向上结茧过冬。有的个体可蛀食二年生枝，成虫羽化后在枝内停留 3～6 天，咬一圆形羽化孔脱出。成虫白天活动，飞翔于树冠枝条间，取食花蜜和露水，10～15 时活泼，交尾产卵。早晚和夜间栖于叶背，无趋光性，对糖醋液也无趋性。在新梢上产卵前用产卵器将嫩梢锯断，有的只留一点皮相连，在断口处 7～10 毫米，将卵产于皮与木质间，一般只产 1 粒，然后将锯口以下 1～3 片叶的叶柄锯断，叶片脱落，只

老幼虫在被害枝条 蛀道内过冬

成虫　　　　幼虫

每年 1 代

留叶柄，产卵后不久产卵孔口呈一小黑点。每雌可产卵11～54粒，多为20多粒。幼虫有白僵菌和寄生蜂天敌，蛹也有寄生蜂等天敌。

3. 防治方法

(1) 人工防治　被成虫产卵为害的新梢上端枯萎，极易识别，在开花后的半个月内，发现带有虫卵的萎缩梢及时剪除烧毁。

(2) 药剂防治　当梨树新梢长到5～6厘米时，喷药防治成虫。药剂种类和浓度：40.7％毒死蜱（乐斯本）乳油2 000倍液，10％氯氰菊酯乳油3 000倍液等。

（七）黄粉蚜

又叫梨黄粉虫。

1. 为害状　单食性，只为害梨。以成、若蚜群集为害果实。在果实萼洼处为害，初时出现凹陷的黄色小斑点，多时连成黄褐色斑块，后期逐渐变为黑色斑块，表面易龟裂，易造成黑斑腐烂。

成虫和若虫群集在果实萼洼处为害

2. 发生规律 一年发生 8～10 代，以卵在树皮裂缝、翘皮等处越冬。次年梨开花时卵孵化，若蚜先在梨树翘皮下、嫩枝处为害。一般在 6 月中旬开始转向果实，7 月中旬大量上果，高温利于繁殖，为害越接近成熟受害越严重。该虫喜背阴处繁殖，套袋果比不套袋果为害严重。

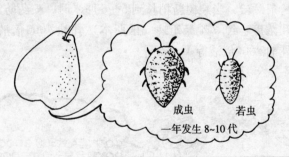

一年发生 8~10 代

3. 防治方法

（1）**农业防治** 刮除老翘皮，喷布95％机油乳剂100倍液灭卵。

（2）**天敌防治** 保护利用如异色瓢虫、草蛉、蚜茧蜂等天敌。

异色瓢虫

（3）**药剂防治** 为害梨果期喷布 10％吡虫啉可湿性粉剂2 000倍液、1.8％阿维菌素乳油5 000倍液等。7月中旬后，每 10 天随机解袋抽查 3％的套袋果，若发现有蚜虫果实达到 0.3％～0.5％时，立即解袋喷药。

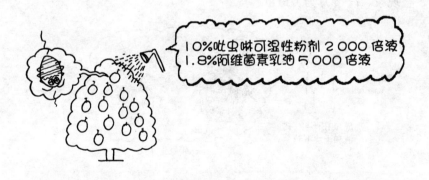

10%吡虫啉可湿性粉剂 2 000 倍液
1.8%阿维菌素乳油 5 000 倍液

（八）梨网蝽

1. 为害状 成虫和若虫群集在叶背吸食汁液。受害叶片正面呈现苍白色褪绿斑点，叶背面有大量褐色黏液使叶背呈现黄褐锈渍，可引起霉污。受害叶早期脱落，影响树势。南方地区常引起梨树"返青"、"二次花"。

梨网蝽

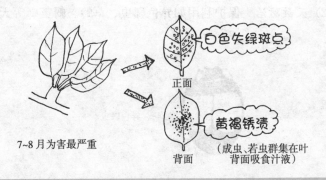

7~8月为害最严重

正面

背面 （成虫、若虫群集在叶
背面吸食汁液）

2. 发生规律　以成虫在落叶、树缝和土块下越冬。在多数地区一年可发生 4～5 代，翌春 4 月上、中旬开始上树到叶背取食和产卵，卵产在叶背组织里，叶背上有褐色胶状物覆盖。成虫每次产卵 1 粒，平均每雌虫产 16 粒。若虫孵出后，多群集大主脉两侧为害。从 6 月初至 8 月初约发生 4 代，各世代发生不整齐，有世代重叠现象。7～8 月为害最重。

成虫在落叶、树
缝和土块下越冬

成虫　　　　若虫

一年发生 4 代

3. 防治方法

（1）人工防治　秋季成虫下树越冬前，在树干上绑草把，诱集消灭越冬成虫。冬季清扫果园，深翻树盘、刮树皮，消灭越冬成虫。

（2）药剂防治　越冬成虫出蛰盛期（4 月中旬）和第一代若虫孵化盛期（5 月下旬）是进行药剂防治的关键时期。用 40.7% 毒死蜱乳油 2 000 倍液、10% 氯氰菊酯乳油 3 000 倍液树冠喷洒防治第一代若虫，效果很好。

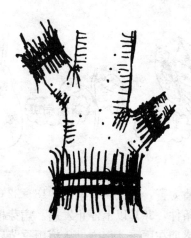

绑缚草束诱杀

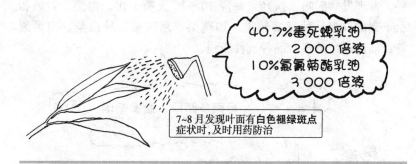

40.7%毒死蜱乳油
2 000 倍液
10%氯氰菊酯乳油
3 000 倍液

7~8 月发现叶面有白色褪绿斑点
症状时，及时用药防治

三、无公害梨病害防治技术

（一）梨黑星病

梨黑星病

1. 为害状 为害果实、花序、芽、新梢、叶片和叶柄。受害部位呈黑色霉层。为害叶片初期，叶背主脉两侧和支脉之间产生圆形、椭圆形或不规则形淡黄色小斑点，界限不明显，数日后病斑长出黑色霉状物，严重时叶背布满黑色霉层，造成落叶。果实类似长出黑色霉层，最后畸形脱落。

2. 发生规律 病菌在芽鳞、落叶和病枝等越冬。春季温湿度较

高时，借风雨传播为害，形成初侵染源。18～22℃和多雨多雾天气是其流行的重要条件，30℃以上停止发病。病芽梢主要在生长初期发生，北方发病盛期在雨季，南方进入梅雨季节后即开始流行。春季来临前清园减少病源菌，发病初期及时剪除病芽梢对防治极为重要。发现发病时喷1次药，每隔10～15天喷1次。白梨、砂梨和秋子梨的许多品种发病较重，如鸭梨、京白梨、秋白梨、南果梨等；而西洋梨的多数品种抗性较强。

3. 防治方法 花谢70％时是黑星病为害嫩梢、幼果、新叶的高峰期。有效药剂为80％代森锰锌（大生M-45）可湿性粉剂800倍液、12.5％烯唑醇3 000倍液、25％腈菌唑乳油4 000倍液、40％氟硅唑（福星）乳油8 000倍液等，注意不同类型的杀菌剂交替使用。喷药要求叶片的正反面、新梢及果面都应均匀着药，以提高防治效果。

（二）梨黑斑病

1. 为害状　幼嫩的叶片最早发病，开始时产生针头大、圆形、黑色的斑点，以后斑点逐渐扩大，近圆形或不规则形病斑，潮湿时，病斑表面遍生黑霉，此即病菌的分生孢子梗及分生孢子。叶片上长出多个病斑时，往往相互愈合成不规则形的大病斑，叶片成为畸形，引起早期落叶。幼果受害，初在果面上产生一个至数个黑色圆形针头大的斑点，逐渐扩大，呈近圆形或椭圆形。病斑略凹陷，表面遍生黑霉，提早脱落。

叶片呈近圆形黑色的斑点，　　　果实凹陷处密生黑霉
逐渐扩大成不规则形大病斑

2. 发生规律　菌丝体在被害枝梢、芽及病叶、病果上越冬。第二年春季，越冬的病组织上新产生的分生孢子，通过风雨传播，引起初次侵染。以后新旧病斑上陆续产生分生孢子，引起重复侵染。气温24～28℃，同时连续阴雨，有利于黑斑病的发生与蔓延。

如气温达到30℃以上，并连续晴天，则病害停止扩展。

★气温24~28℃，连续阴雨，有利于黑斑病发生

★树势弱、树龄大发生重

★感病品种，如二十世纪梨发生重

3. 防治方法

（1）清园消毒　在梨树萌芽前应剪除感病枝梢，清除果园内的落叶、落果并销毁。

清扫落叶落果

（2）增强树势　一般立地条件好、管理水平较高、树势健壮的

梨园，发病都较轻，反之，则发病重，尤其是地势低洼、排水不良、树冠荫蔽的梨园发病更重。因此，要加强开沟排水，合理修剪，增强通风透光条件，以减少病害的发生。

（3）套袋 套袋可以保护果实，使其免受病菌侵害。

（4）喷药保护 发芽前（约3月上、中旬）喷1次3～5波美度石硫合剂，消灭枝干上越冬的病菌。在生长期，由于该病为害持

续期较长，喷药次数要多一些，一般在落花后至梅雨期结束前，都要喷药保护。前后喷药间隔期为 10 天左右，共喷药 7～8 次。为了保护果实，套袋前必须喷 1 次，喷后立即套袋。有效药剂有：50％异菌脲（扑海因）可湿性粉剂 1 000 倍液、10％多抗霉素可湿性粉剂 1 000 倍液、80％代森锰锌可湿性粉剂 800 倍液。

（三）梨轮纹病

轮纹病

1. 为害状 枝干受害初期常以皮孔为中心产生褐色凸起斑点，逐渐扩大形成直径 0.5～3 厘米（多为 1 厘米）、近圆形或不规则形、红褐色至暗褐色的病斑。病斑中心呈瘤状隆起，质地坚硬，多数边缘开裂，成一环状沟。第二年病部周围隆起，病、健部裂纹加深，病组织翘起如"马鞍"状，病斑表面产生黑色小粒点。病组织常可剥离脱落，严重时，病斑往往连片，表皮十分粗糙。

果实症状主要在近成熟期或贮藏期出现。初期生成水渍状褐色小斑点，近圆形。病斑扩展迅速，逐渐呈淡褐色至红褐色，并有明显同心轮纹，很快全果腐烂。病斑不凹陷，病组织呈软腐状，常发出酸臭气味，并有茶褐色汁液流出。病部表面散生轮状排列的黑色小粒点。

叶片发病时形成近圆形或不规则形褐色病斑，微具同心轮纹，后逐渐变为灰白色，并长出黑色小粒点。

病枝　　　　　　　病果　　　　　　　病叶

2. 发生规律　梨轮纹病是由真菌引起的病害。病菌在被害枝干、僵果及落叶上越冬，成为来年初侵染的病菌来源。病菌孢子的散发：南方梨区，3月上旬开始，5～7月最多；北方梨区，4月上旬开始，病菌侵染多集中在6～8月。病菌在未成熟的果实内发育受到抑制，外表症状不明显；至果实成熟期，菌丝在病果组织内不断扩大蔓延，果实陆续出现症状，被害严重。

3. 防治方法

●清除病源
●生长期喷药保护
●加强果园管理
●果实套袋

（1）**清除病源**　结合冬季修剪，剪除病枝，清扫落地病叶、病果，并彻底清除出园烧毁。

（2）**休眠期刮干涂药防治**　枝干的病疣是叶和果实的初侵染源。冬季休眠期刮树皮，刮除病斑，涂抹腐必清2～3倍液，5％菌毒清水剂30～50倍液，2.12％腐殖酸·铜5～10倍液，5波美度石硫合剂等药剂。

（3）**果实套袋**　套袋可以减少果实病害的发生。

（4）**生长期喷药保护**　每次降雨后产生一次侵染高峰。谢花后根据降雨情况，结合其他病害的防治，谢花后每隔10～15天喷1

次杀菌剂。在 5～7 月间，结合其他病害防治，喷 50％多菌灵可湿性粉剂 600～800 倍液，70％甲基硫菌灵（甲基托布津）可湿性粉剂 800 倍液，80％大生 M - 45 可湿性粉剂 800 倍液，果实生长中后期可用 1：2：240 波尔多液。

（四）梨锈病

1. 为害状　侵染新生幼嫩的叶、梢和果。新叶最初在正面产生橙黄色、有光泽的小斑点，随后扩大，正面凹陷，背面鼓起，最后在背面长出灰褐色毛状物。果实发病症状类似。叶片上病斑较多时，叶片往往提早脱落。

背面长胡子

正面凹陷，呈现黄斑

2. 发生规律 病菌需在两类不同寄主上才能完成其生活史。第一寄主为梨树、木瓜、山楂和杜梨等，第二寄主为桧柏、龙柏、翠柏、柱柏、高塔柏、金羽柏、匍地柏、欧洲刺柏等桧柏属植物。病菌在桧柏属植物的病组织中越冬。春天 3～4 月份气温适宜时开始形成冬孢子角，降雨时冬孢子角吸水膨胀，成为舌状胶质块。冬孢子萌发后产生担孢子，担孢子随风雨传播，在梨树展叶、开花至幼果期间侵染。侵染梨树后产生性孢子器，经过受精后产生锈孢子器和锈孢子，随风传播到桧柏等林木上，并以菌丝形态越冬。不同品种抗病性有差异，西洋梨最抗病，新疆梨次之，秋子梨和砂梨第三，白梨易感病。

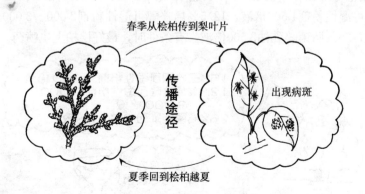

春季从桧柏传到梨叶片

传播途径

出现病斑

夏季回到桧柏越夏

- 一年只发病一次
- 叶龄 17 天以内易发病
- 品种抗病性：

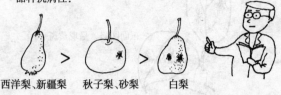

西洋梨、新疆梨 ＞ 秋子梨、砂梨 ＞ 白梨

3. 防治方法

（1）梨产区避免用桧柏等树种造林　梨园四周 5 千米内的桧柏属植物最好砍除，使病菌无法完成生活史。

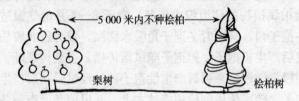

←——5 000 米内不种桧柏——→

梨树　　　　　　　　　　　　　　桧柏树

（2）喷药保护　梨树萌芽后和落花后各喷药 1 次，转移寄主（桧柏等）在春雨前和 6～7 月份各喷药 1 次。药剂可用 15％三唑酮可湿性粉剂 1 500 倍液，12.5％烯唑醇可湿性粉剂 2 000～3 000 倍液，25％腈菌唑乳油 2 500 倍液。有条件时，最好桧柏上也喷药。

15％三唑酮可湿性粉剂 1 500 倍液
12.5％烯唑醇可湿性粉剂 2 000～3 000 倍液
25％腈菌唑乳油 2 500 倍液

清除转移寄主减少越冬病菌

（五）褐斑病

1. 为害状 又名白星病和斑枯病，只为害梨叶，严重时能造成梨叶枯焦，大量落叶。最初在叶片上发生圆形或近圆形的褐色病斑，以后发展成椭圆形或不规则大病斑，病斑中央灰白色，周围褐色，外层黑色，中央密生黑色小粒点，最后病斑中央成白星状，并易穿孔，病叶提早脱落。

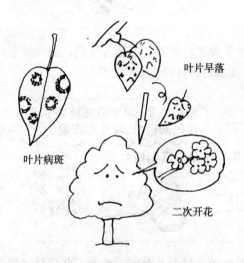

叶片早落

叶片病斑

二次开花

2. 发病规律 病菌在落叶的病斑中越冬。第二年遇春雨时，即产生孢子，经风雨传播，侵害梨叶，形成病斑，并在病斑处产生孢子进行再次侵染。在长江中下游梨区，一般4月中旬开始发病，5月中下旬进入发病盛期，开始落叶，7月中下旬落叶最多。

- 只为害叶片，引起早期落叶
- 5~7月多雨时发病重
- 树势弱、排水不良的梨园发病重

3. 防治方法

（1）清园　冬季收集病叶烧毁，深埋落叶。

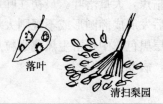

落叶

清扫梨园

（2）加强果园肥水管理　增施有机肥，加强排水，维持树体合理的负载量，以增强树体抗病能力。

留果太多，树体抗病能力下降，会引起落叶，要注意疏果！

雨季清沟排水

（3）药剂防治　早春萌芽前，喷布石灰倍量式波尔多液（硫酸铜1份，生石灰2份，水150份）。喷药的重点在落花后，用70%托布津可湿性粉剂800倍液、80%代森锰锌可湿性粉剂1 000倍防治，以后结合其他病害进行防治。

谢花后开始喷药
80%代森锰锌可湿性粉剂1 000倍液
70%甲基托布津可湿性粉剂800倍液

（六）腐烂病

腐烂病

1. 为害状 又名臭皮病，是梨树最重要的枝干病害。主要侵染主枝和较大的侧生枝组，当病斑环绕整个主、侧枝时，即造成枝干死亡；在主干上也有发生，严重发生时可造成死树和毁园。

腐烂病症可分溃疡型和枝枯型两种症状。溃疡型：树皮外观初期红褐色，水渍状，稍隆起，用手按压有松软感，多呈椭圆形或不规则形，常渗出红褐色汁液，有酒糟气味。在生长季节，病部扩展后，周围长出愈伤组织，病皮失水凹陷，病健部交界处出现裂缝。枝枯型：病部边缘界限不明显，蔓延迅速，无明显水渍状，很快将树皮腐烂一圈，造成其上部枝条死亡。

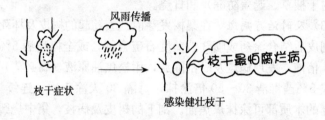

风雨传播

枝干症状

感染健壮枝干

枝干最怕腐烂病

2. 发病规律 病菌在树皮内越冬，天暖时开始扩展，产生的分生孢子随风雨传播，经伤口侵入。病菌具有潜伏侵染特点，只有在侵染点周围树皮生长势衰弱时，才容易扩展、发病。一般多在晚秋和早春往健树皮上扩展，形成春、秋两次发病高峰。发病程度与梨树品种密切相关，秋子梨基本不发病，白梨和中国砂梨发病很轻，日本砂梨发病较重，西洋梨发病最重。

该病菌潜伏期长，树势衰弱时发病。同时与树皮含水量也有关，含水量高，则扩展慢，因此，天气干旱、降雨量少和土层薄有利于该病发生。

3. 防治方法

（1）壮树防病 加深活土层，增施有机肥、合理的负载量是关键。

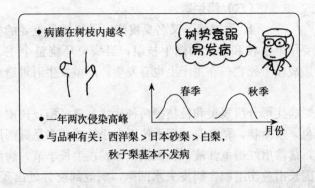

（2）避免和保护伤口　彻底防治枝干害虫、防止冻害（树干涂白、树干捆草、遮盖防冻）和日烧。

（3）及时治疗病斑　在梨树发芽前刮去翘起的树皮及坏死的组织，刮皮后结合涂药或喷 3 波美度石硫合剂，或全树喷洒 5％菌毒清 100 倍液；发现病斑及时刮除后，用松焦油原液（腐必清）2～3 倍液或 5％菌毒清 30～50 倍涂抹，每隔 30 天涂 1 次，连续 3 次。对裸露的木质部可涂抹煤焦油。刮下的树皮及病枝，集中烧毁。

刮除病组织　　　　涂药

第九章 果实采收与商品化处理技术

一、果实采收及采后梨园管理

(一)采收期的确定

梨果实采收期的早晚,对产量、品质、贮运性和树体贮藏营养等都有较大的影响。采收过早,果实尚未成熟,产量低,品质没有达到品种应有的特性,风味淡,品质差;采收过晚,果实成熟度高,果肉松软发绵,不适于长途运输和贮藏,树体养分消耗大,不仅影响当年果实的销售,还影响第二年产量。因此,正确确定果实采收成熟度,做到适时采收,才能获得高档优质的果实。

梨果实成熟程度一般可分为三种,即可采成熟度、食用成熟度和生理成熟度。根据不同市场需要和产品用途来决定梨果在哪个成熟度进行采收。

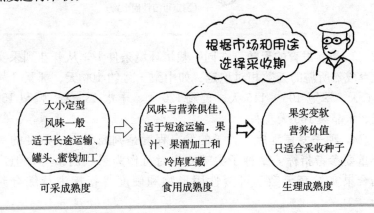

根据市场和用途选择采收期

大小定型 风味一般 适于长途运输、罐头、蜜饯加工	风味与营养俱佳,适于短途运输,果汁、果酒加工和冷库贮藏	果实变软 营养价值 只适合采收种子
可采成熟度	食用成熟度	生理成熟度

　　具体采收期的确定可参考以下几个方面因素进行判断。

　　1. 果皮色泽　　未套袋果可以果皮色泽作为判断成熟度的指标，绿皮品种以果皮底色减退、褐皮品种由褐变黄为依据。在日本，许多梨园都采用成熟度比色板进行果实比色，以确定具体的采收期。但是，套袋的果实因果袋种类不同果皮色存在差异，应结合其他方法进行。

　　2. 果实可溶性固形物和果肉硬度　　可溶性固形物用手持测糖仪测定，果肉硬度用硬度计测定。比如鸭梨果实的硬度应在 6.6～7.5 千克/厘米²，可溶性固形物达到 11%。

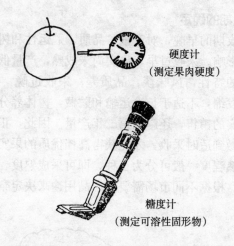

硬度计
（测定果肉硬度）

糖度计
（测定可溶性固形物）

　　3. 果实发育的天数　　在同一栽培环境条件下，从开花到果实发育成熟所需的天数相对稳定。如中梨 1 号约 100 天、鄂梨 2 号 106 天、翠冠 105～115 天、黄冠 120 天、丰水 135 天、鸭梨 150 天、水晶梨 165 天左右。

　　4. 种子发育程度　　种子的发育程度是判断果实成熟度的一个重要参考指标。梨种子尖端变褐时可作为采收的参考，但应结合果实发育天数、可溶性固形物和硬度等指标进行综合判断。

（二）采摘技术

目前梨果采收的主要方法是人工采摘，使用的工具有采果篮、采果袋、果筐或纸箱等。采果篮底及四周用泡沫软垫、软布及麻袋片铺好，防止扎、碰坏果面。树体高大时要用采果梯，不要攀枝拉果，以免拉伤果台，伤害树体。

采果篮　　　　采果筐　　　　采果梯

采果要选择晴朗的天气，在晨露干后至上午 12 时前和下午 3 时以后进行，可以最大限度地减少果实田间热。下雨、有雾或露水未干的时候采摘的果实，由于果面附着有水滴，容易引起腐烂，因此不宜采摘。必须在雨天采果时，需将果实放在通风良好的场所，尽快晾干。

要坚持分批、达标采收，避免一次性采收。采摘应自下而上，由外至内顺序进行。采收前要求采果人员剪平指甲或戴手套。摘果时手托住果实底部向上一抬，果柄即与果枝分离。套袋的果实连同果袋一起采收，在采后商品化处理时再解除果袋。

采摘下来的果实要轻拿轻放，以容器八九成满为宜，内部堆码高度不超过 5 层。采摘后及时运入分级场地，果实临时存放须置于阴凉处，避免果实受阳光的直晒；搬运过程中要轻装轻卸，避免挤压或其他机械损伤。

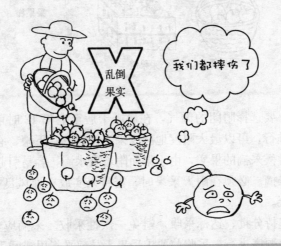

（三）采收后的梨园管理

梨果采收后，树体从挂果状态中解脱出来，根系进入秋季生长高峰，树体进入养分积累和树势恢复阶段。秋季叶片寿命长短和质量好坏关系到树体养分积累和花芽分化，关系到第二年梨果产量和品质。但是，生产中不少梨农把果实采收当成全年管理的结束，由于采后失管，树体缺肥、干旱，病虫害发生猖獗，造成大量落叶，有的梨园出现"二次开花"，造成来年减产。梨树的管理连续性很强，应该把秋季管理当成第二年高产、优质栽培的开始。

　　果实采收后，应追施速效化肥，结合喷药进行根外追肥；秋季出现持续高温干旱天气时，尤其应注重保墒和灌水。同时加强对梨网蝽、红蜘蛛、梨木虱等害虫的防治，不仅可以起到保叶作用，还能减少来年的虫口密度。

二、果实采后商品化处理

（一）果实初选
将采摘的果实去除果袋，初步挑选外观完好的果实，将机械伤果、病虫果、落地果、残次果、腐烂果剔除。

（二）果实的清洁与打蜡
将梨果皮上的灰尘、泥土、煤烟用清水冲洗干净，再用软布揩擦，使表面呈现品种原有的颜色。为提高果实商品性，可进行打蜡处理，使果实既美观又不易失水。目前市场上有果实清洗机和打蜡机等，可以选用适当的机械进行果实采后的清洁处理。

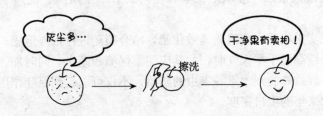

（三）梨果品质的构成与质量等级标准

1. 梨果品质的构成　梨果品质主要包括外观品质、内在品质。

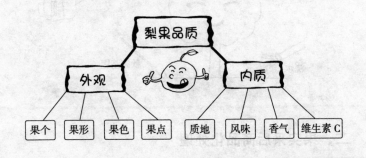

（1）**外观品质**

①果个　梨不同品种间果个相差很大，依据品种所具有的单果重特性，通常优质果有一定的要求，如大果型的雪花梨、丰水等品种应在 300 克以上；中大果型的酥梨、茌梨、苹果梨、早酥、锦丰等应在 250 克以上；中等果型的鸭梨等应在 200 克以上；中小果型如秋白梨等应在 150 克左右；小果型如京白梨、南果梨等应在 100克左右。

②果形　优质果应具有本品种所具有的典型果形，果形端正，果实整齐度高。

③果色　优质果应具有品种所固有的果皮颜色，果面光洁。

④果点　优质果果点应小且不明显。

（2）内在品质

①质地　脆肉品种要求质地松脆、细嫩、汁液多，石细胞小而少。软肉品种要求果实后熟后果肉细软，易溶于口。

②风味　可溶性固形物含量越高，果实的甜度越高，如丰水可溶性固形物含量应在 12.5％以上，茌梨 13％左右，京白梨和南果梨在 15％左右。糖酸比影响果实的风味，其比值一般要求高于 25。

③香气　秋子梨和西洋梨后熟后具有浓郁的香气，白梨和砂梨系统品种没有或仅有淡淡的清香。

④维生素 C 含量　维生素 C 含量也是果实营养价值评价的重要指标之一。

2. 梨果质量等级标准　我国已发布的国家标准《鲜梨》（GB/T10650—2008)对鲜梨质量等级作了详细规定（附录 2），农业部农业行业标准《绿色食品　鲜梨》（NY/T 423—2000）、《梨外观等级标准》（NY/T 440—2001）和《无公害食品　梨》（NY 5100—2002）等也对梨果质量等级作了规定。其中除《无公害食品　梨》为强制性标准外，其余均为推荐性标准。《无公害食品　梨》果实卫生标准作了规定，主要包括了农药和金属的残留标准（附录 3）。

（四）梨果分级方法

梨果分级方法分为人工分级法和机械分级法。人工分级法分级不太精确，分级效率不高，在梨果批量不大，对梨果品质要求不高时应用，主要利用果实分级板及操作者目测法进行，简便易行，可结合装箱进行。机械选果的选果分级效率高，应加大其在梨主产区的推广应用。

另外，还可采用选果机械分级选果，主要依据果实大小和果实重量来分级。

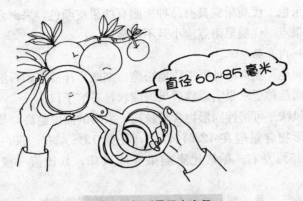

用分级板测量果实直径

人工分级

机械分级选果

三、果实包装

科学、规范的包装是提高梨果实的商品性、市场竞争力与销售价格的重要环节。梨果包装不仅减少了果品在运输过程中的损伤，还可有效防止二次污染。

(一) 包装场地要求

包装场地应通风、防晒、防雨、防潮、干净整洁、无病原菌污染、没有异味物质、远离刺激性气味及有毒的物品。

(二) 包装材料

包装材料不仅要求清洁、无有害化学物质、内壁光滑、外观美观，还应重量轻且有足够的机械强度、有一定透气性，有利于果品在贮运过程中散热和气体交换，具有一定的防潮性、成本低等特点。

梨果的包装材料可分为外包装和内包装。外包装可选用纸箱、塑料箱、钙塑箱；内包装包括光面纸、泡沫网、抗压托盘等辅助包装材料。

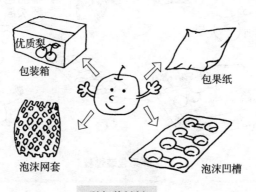

梨包装材料

(三) 包装规格

目前梨果包装规格因品种、产地和销售市场而异，一般用于贮运包装以重量为计数，有 5 千克、10 千克、20 千克多种规格；也可按果实数量设计包装箱，有 6 个、8 个、10 个、12 个、16 个、20 个果等多种规格。

（四）包装方法

包装过程中，操作人员应剪短指甲，戴上手套。每一包装件内必须选择同一品种、同一品质、同等成熟度的鲜梨，优等果还要求果径大小和色泽一致。首先将符合等级要求的梨果，齐果肩修剪果梗。然后将光面薄纸平铺，果实置于纸中央，自下而上包裹严实，套上泡沫网套（也有的仅包纸，或仅套网套），再置于托盘凹槽内，每个凹槽一个果。果顶朝上放置，果实摆放端正整齐。分层包装的要先摆放第一层，用纸板分隔后再置第二层，要求表层和底层的果实质量必须一致。装箱要充实，尽量减少缝隙，以免果实在运输过程产生晃动。

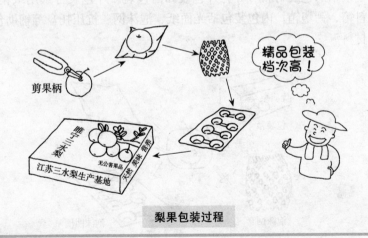

梨果包装过程

（五）包装标志

包装箱上应标明品名、产地、净重、质量等级、规格、日期、生产单位和经销商名称、地址等，对取得农产品质量安全等证书标志的按有关规定使用。

梨果实包装箱

（六）包装件运输

运输工具应清洁、通风、无毒、防晒。在同一车厢、船舱内不应与其他有毒、有害、有异味的物品混运，应用棚车运输或敞车运输车加防雨篷布运输。无控温条件的夏季运输，应减少载运量，适当开窗，留有更多的通风空间，必要时采取隔热措施；冬季运输，应关闭好车厢门窗，温度不低于0℃，必要时覆盖保温材料。在装卸运输中要轻装轻卸、轻拿轻放，需注意包装件的上下方位，不能倒置。梨运至目的地后应及时装卸转入库房贮存。

梨鲜果的运输

（七）包装件的贮存

包装件贮存场地应清洁、阴凉、通风、无毒、无异味、防雨、防晒。对贮存过果蔬产品的场所，在贮存梨果前应进行通风，清除可能残留的乙烯气体。包装件分批、分品种、分等级码垛堆放整齐，并留有通风道。每垛应挂牌分类，标明品种、批次、入库日期、数量、质量检查记录等。

附录1　梨园禁用的农药

依据农业部部颁标准（NY/T5102—2002），梨园禁用的农药包括：滴滴涕、六六六、杀虫脒、甲胺磷、对硫磷、甲基对硫磷、久效磷、磷胺、甲拌磷、氧化乐果、水胺硫磷、特丁硫磷、甲基硫环磷、治螟磷、甲基异柳磷、内吸磷、克百威、涕灭威、灭多威、汞制剂、砷类等。

附录2 鲜梨质量等级标准

（GB/T10650—2008）

指标项目	优等品	一等品	二等品
基本要求	具有本品种固有的特征和风味；具有适于市场销售或贮藏要求的成熟度；果实完整良好；新鲜洁净，无异味或非正常风味；无外来水分		
果形	果形端正，具有本品种固有的特征	果形正常，允许有轻微缺陷，具有本品种应有的特征	果形允许有缺陷，但仍保持本品种应有特征，不得有偏缺过大的畸形果
色泽	具有本品种成熟时应有的色泽	具有本品种应有的色泽	具有本品种应有的色泽，允许色泽较差
果梗	果梗完整（不包括商品化处理造成的果梗缺省）	果梗完整（不包括商品化处理造成的果梗缺省）	允许果梗轻微损伤
大小整齐度	各等级果的大小尺寸不作具体规定，可根据收购商要求操作，但要求应具有本品种基本的大小。而大小整齐度应有硬性规定，要求果实横径差异<5mm		

（续）

指标项目	优等品	一等品	二等品
果面缺陷	允许下列规定的缺陷不超过1项：	允许下列规定的缺陷不超过2项：	允许下列规定的缺陷不超过3项：
①刺伤、破皮划伤	不允许	不允许	不允许
②碰压伤	不允许	不允许	允许轻微碰压伤，总面积不超过0.5cm²，其中最大处面积不得超过0.3cm²，伤处不得变褐，对果肉无明显伤害
③摩伤（枝摩、叶摩）	不允许	不允许	允许不严重影响果实外观的轻微摩伤，总面积不超过1.0cm²
④水锈、药斑	允许轻微薄层，总面积不超过果面的1/20	允许轻微薄层，总面积不超过果面的1/10	允许轻微薄层，总面积不超过果面的1/5
⑤日灼	不允许	允许轻微的日灼伤害，总面积不超过0.5cm²。但不得有伤部果肉变软	允许轻微的日灼伤害，总面积不超过1.0cm²。但不得有伤部果肉变软
⑥雹伤	不允许	不允许	允许轻微者2处，每处面积不超过1.0cm²
⑦虫伤	不允许	允许干枯虫伤2处，总面积不超过0.2cm²	干枯虫伤不限，总面积不超过1.0cm²
⑧病害	不允许	不允许	不允许
⑨虫果	不允许	不允许	不允许

附录3 无公害梨果的卫生标准

(引自农业部颁布标准 NY5100—2002)

序　号	项　目	指标/(mg/kg)
1	多菌灵	≤0.5
2	毒死蜱	≤1
3	辛硫磷	≤0.05
4	氯氟氰菊酯	≤0.2
5	溴氰菊酯	≤0.1
6	氯氰菊酯	≤2
7	铅（以 Pd 计）	≤0.2
8	镉（以 Cd 计）	≤0.03
9	汞（以 Hg 计）	≤0.01
10	砷（以 As 计）	≤0.5

注：凡国家规定禁用的农药，应从其规定。

参 考 文 献

曹玉芬,等. 2009.优质梨生产技术百问百答[M]. 北京:中国农业出版社.

傅玉瑚,郗荣庭,等. 2001. 梨优质高效配套技术图解［M］. 北京：中国林业出版社.

姜淑苓,等. 2007. 梨树高产栽培［M］(修订版). 北京：金盾出版社.

李秀根,等. 2005. 梨生产关键技术百问百答［M］. 北京：中国农业出版社.

李中涛,孙明,郭铭孝. 2001. 梨树高接换优的简捷接法[J].烟台果树(1)：6 - 7.

王迎涛,方成泉,等. 2004. 梨优良品种及无公害栽培技术[M].北京：中国农业出版社.

王金友,冯明祥,等. 2007. 新编梨树病虫害防治技术［M］. 北京：金盾出版社.

吴学龙. 2004. 南方梨树整形修剪图解［M］. 北京：金盾出版社.

徐宏汉,周绂. 2001. 南方梨优良品种与优质高效栽培[M].北京：中国农业出版社.

许方. 1992. 梨树生物学［M］. 北京：科学出版社.

解金斗,王江柱,等. 2006. 图说梨高效栽培关键技术［M］. 北京：金盾出版社.

张力,朱奇. 1996. 现代梨树整形修剪技术图解［M］. 北京：中国林业出版社.

张鹏. 1994. 梨树整形修剪图解［M］. 北京：金盾出版社.

张绍铃,等. 2002. 无公害梨生产技术［M］. 昆明：云南科技出版社.

张绍铃. 2002. 日本的梨生产管理规范化技术与借鉴［J］. 中国南方果树（3）：46 - 48.

张绍铃,贾兵,等. 2009. 梨树授粉与花果管理关键技术［J］. 中国南方果树（1）：36 - 38.

杉浦 明. 2004. 新版果樹栽培の基礎［M］. 東京：農山漁村文化協会.

图书在版编目（CIP）数据

图解梨优质安全生产技术要领/张绍铃主编．—北京：中国农业出版社，2010.6
ISBN 978 - 7 - 109 - 14509 - 2

Ⅰ.①图…　Ⅱ.①张…　Ⅲ.①梨－果树园艺－图解
Ⅳ.①S661.2 - 64

中国版本图书馆 CIP 数据核字（2010）第 065594 号

中国农业出版社出版
（北京市朝阳区农展馆北路 2 号）
（邮政编码 100125）
责任编辑　张　利　黄　宇

中国农业出版社印刷厂印刷　　新华书店北京发行所发行
2010 年 7 月第 1 版　　2010 年 7 月北京第 1 次印刷

开本：880mm×1230mm 1/32　印张：6.875
字数：181 千字　印数：1～6 000 册
定价：15.00 元
（凡本版图书出现印刷、装订错误，请向出版社发行部调换）